KB067330

도널드 노먼의 UX 디자인 특강

도널드 노먼의
UX 디자인 특강

Living
with
Complexity

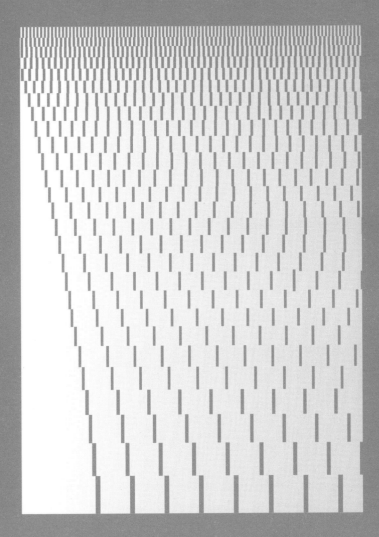

복잡한 세상의 디자인

도널드 노먼 지음   범어디자인연구소 옮김

유엑스리뷰

차 례

사용자는 아무 경험 없는 낯선 환경에서도 잘 적응한다. 주위를 둘러보고 다른 사람의 발자취를 쫓으며 원하는 바를 이루어 내기 때문이다. 점점 더 복잡해지는 세상에서도 마찬가지다. 지식과 경험이 없는 상태에서도 사용자는 주변 환경이 제공하는 정보를 파악해 올바른 선택을 하려고 한다. 이런 정보를 사회적 기표라 부른다.

인간은 기술을 받아들였다. 이제 기술이 인간을 받아들일 차례다. 사람을 배려하고 그들의 관점을 이해하며, 무엇보다 무슨 일이 일어나고 있는지 알아내는 디자인을 통해 기술은 사람에게 한층 더 깊이 다가갈 것이다.

좋은 시스템 디자인은 제품을 선택하고 구매해서 사용하고 최종적으로 이해하는 단계까지 모든 과정이 하나의 경험으로 녹아들 수 있는 것이어야 한다. 그 단계들을 각각의 조각으로 디자인하다보면 과정은 복잡해지고 전체의 조화는 깨지고 말 것이다. 제품과 서비스를 하나의 시스템으로 보고 인간과 사회를 배려하며 디자인하는 것은 결국 사용자의 경험을 디자인하는 일이다.

서문

UX 디자인의 재발견

현호영, 유엑스리뷰 대표

디자인을 공부하고 디자이너로 살다보면 가장 많이 듣게 되는 말 중 하나가 '심플하게'라는 주문일 것이다. 심지어 'UX는 곧 심플함'이라는 공식 아닌 공식이 보편화되어 있는 조직도 많다. 많은 사람들이 무의식적으로 심플함이 최고의 덕목이라고 생각해왔다. 하지만 과연 그럴까? 세상은 여전히 복잡하게 돌아가며 우리가 애용하는 많은 것들은 실제로 단순하지 않다. 심플을 외치던 이들이 정작 심플한 제품을 사용해보고는 필요한 기능이 빠져있다는 불평을 하곤 한다. 단순해야 좋은 제품이 있고 그렇지 않은 제품이 있는 것이다.

사실 단순함과 복잡함에 관한 문제는 UX의 핵심 논제다. 디자이너와 개발자의 숙명은, 경우에 따라 다른 모습으로 마주하게 되는 단순함과 복잡함 사이에서 어느 것이 더 나은 방향의 해결책인지를 모색하는 일이다. 여러 방면의 디자인 작업을 하다보면 UX를 향상시키기 위해서는 단순함과 복잡함 사이에서 균형을 잡고 나아가 복잡함의 수준을 조절해야 함을 느끼게 된다. 도널드 노먼은 이 책에서 그 구체적인 방법에 대한 통찰을 전수한다. 그는 단순함이 정답이 되는 시대는 지나갔다고 주장한다. 사람들은 혼잡하지 않으면서 적절한 복잡함이 있는 제품을 선택하며 그런 제품을 사용하면서 유쾌함을 느낀다는 것이다. 기술의 복잡성에는 우리 삶의 복잡성이 그대로 반영되어 있다. 나쁜 디자인은 사물을 불필요할 정도로 복잡하게 만들어서 우리를 혼란스럽게 한다. 반면, 그처럼 과한 복잡성이 없는 사물을 만드는 것이 좋은 디자인이다.

이 책은 심플함을 추구하는 것처럼 보이면서도 결국에는 복잡한 제품을 사용하게 되는 사용자들의 경험을 파고든다. 독자들은 복잡성 자체가 문제가 아니라, 복잡성의 수준을 잘못 설정한 나쁜 디자인이 문제임을 깨달을 수 있다. 제품을 기획하고 디자인하는 사람들은 복잡하고 풍요롭지만 이해 가능하고 유의미한 경험을 만드는 방법을 배우게 될 것이다. 사용자의 마음을 사로잡기를 바라는 모든 이에게 이 책이 유용한 디자인 전략서가 되리라 믿는다.

1장

복잡한 세상의 디자인:
복잡함이 필요한 이유

복잡함과 혼란스러움은 다르다

언뜻 봐도 어지럽고 혼잡한 방에 한 남자가 앉아 있다. 아무렇게나 쌓아올린 엄청난 양의 문서로 형태가 보이지 않는 책상. 무작위로 꽂힌 책과 서류. 그와는 대조적으로 방의 주인은 아주 침착한 모습으로 의자에 앉아 있다. 그는 어떻게 이 복잡한 환경에서 차분하게 일에 집중할 수 있을까? 아참, 본격적인 이야기를 시작하기 전에 먼저 사진 속 주인공을 소개하겠다. 그의 이름은 앨 고어Al Gore다.

나는 전前 미국 부통령이자 노벨 평화상 수상자인 앨 고어와 실

그림 1-1 체계적인 사람들의 복잡한 책상
혼잡한 책상은 책상 주인의 삶도 그럴 것처럼 보이게 한다. 그러나 책상의 주인은 모든 것이 제자리에 있으며, 나름의 질서와 구조가 있다고 여기기 때문에 혼란을 느끼지 않는다. 사진은 미국 부통령이었던 앨 고어의 모습이다.

제로 대화를 나눠본 적은 없다. 하지만 이런 책상에서 일하는 사람들을 연구해본 경험은 많다. 도대체 이렇게 뒤죽박죽인 곳에서 어떻게 일하느냐고 물었더니, 그들은 한결같이 이렇게 대답했다. "겉으로는 정신없어 보일지 몰라도 나름의 질서와 구조가 있답니다."

그런 대답의 신빙성을 확인하고자 간단한 테스트를 제안했다. 방 안에 있는 물건에 대해 물어보고 그것을 찾아 처리하는 방법과 속도를 측정하는 것이었다. 대부분의 사람들은 질문을 듣자마자 그 물건이 어디에 있는지 알고 거의 바로 문제를 해결했다. 게다가 필요한 물건을 가져오는 속도를 측정했을 땐 깔끔하게 정리된 공간에서 일하는 사람보다 훨씬 빠른 경우도 많았다.

이들이 힘들어 하는 것은 '복잡한 환경' 자체가 아니라, 끊임없이 자신을 그런 환경으로부터 분리시키려는 '다른 사람들'이었다. 언젠가 사무실에 도착하고 보니 누군가가 자신의 책상 위에 쌓여 있는 물건들을 깨끗이 정리한 후, '적절한' 장소에 재배치해 놓은 적도 있다고 했다. 도움이란 탈을 쓴 이 끔찍한 상황은 그들이 세운 합리적 행동의 질서를 무너뜨린다. 결국 사람들을 향해 애원하게 된다.

"제발 내 책상 좀 치우지 마세요. 도무지 내 물건을 찾을 수가 없다니까요!"

지저분하고 복잡해서 혼란스러움마저 느껴지는 이 책상은 사실 우리들의 사무실에서도 자주 발견할 수 있다. 때로는 인생의 복잡다단함까지 엿보이기도 한다. 하지만 그가 다른 일에도 체계적인 사람이라면 책상이 지저분하든, 복잡하든 걱정하지 마시라. 그 안에 나름의 질서와 구조가 존재하기 때문이다. 그에겐 모든 것이 있어야 할

'제자리'에 이미 잘 놓여 있다.

　내 책상은 앨 고어의 책상만큼 혼란스럽지는 않지만 여러 논문과 기술·과학 잡지들 그리고 갖가지 물건들이 높이 쌓여 있다. 그래도 그 안에는 나만이 알 수 있는 '기본 구조underlying structure'가 분명 존재한다.

　사실 이러한 외형적인 무질서에 대처하는 방법은 간단하다. '기본 구조'를 찾으면 된다. 복잡하게 쌓인 물건 뒤에 숨은 존재의 이유를 모르는 사람에게는 내 책상이 그저 혼란스럽고 어지러운 공간으로만 보일 것이다. 하지만 '그 물건'이 '그곳'에 있는 이유를 이해하기 시작한다면 내 책상에서 느낀 복잡함은 사라질 것이다. 덕분에 나는 불편함 없이 내 책상에서 일할 수 있다.

　기술도 마찬가지다. 일반 사람들에게 비행기의 조종실이란 심하게 혼란스럽고 어려운 공간이다. 〈그림 1-2〉의 보잉 787기 조종실을 살펴보자. 복잡해 보이는가? 하지만 조종사는 그렇게 생각하지 않는다. 그들에겐 모든 기기들이 알맞은 자리에 정리되어 있어 이해하기 쉽고 논리적이고 작동하기 편하다. 비행기를 운항하는 데 필요한 적절한 복잡함인 셈이다.

　보잉 787기 조종실은 비행기 엔지니어나 디자이너들이 일부러 복잡하게 만드는 것에 희열을 느끼는 사람이라서 그렇게 만든 것이 아니다. 모든 것은 의도된 결과물이다. 비행기를 안전하게 조종하고, 항로를 정확하게 찾고, 승객들에게 편안한 비행을 제공하고, 약속된 시간을 지키고, 혹시 발생할지도 모르는 재난에 대처하기 위해서는 이 모든 것이 필요하다. 항공기 조종실은 복잡해야 한다. 대신 혼란스

그림 1-2 보잉 787의 조종실 내부의 적절한 복잡성

보통의 사람에게 현대의 제트 비행기 조종석은 매우 복잡하고 혼란스럽게 보인다. 하지만 조종사들에게는 그렇지 않다. 그들에게는 모든 버튼과 장비가 논리적이고 합리적이며 의미 있는 그룹으로 정리되어 있는 것으로 보인다.

러워서는 안 된다.

내가 이 책을 쓰겠다고 마음먹은 가장 큰 이유는 복잡함complexity과 혼란스러움complicated을 명확하게 구분하고 싶었기 때문이다. '복잡함'은 실재實在의 상태이고, '혼란스러움'은 마음의 상태다. '복잡함'의 사전적 의미는 많은 부분이 뒤얽히고 서로 연결된 상태를 말한다. 나 역시 이러한 의미로 사용할 것이다. '혼란스러움'은 여기에 부차적으로 어지럽다는 뜻을 더한 것이다.

이제부터 '복잡하다'는 단어는 이 세상과 우리의 과제, 그리고 우리가 다뤄야 할 다양한 도구들의 상태를 묘사할 때 언급할 것이다.

반면 세상의 무언가를 이해하고, 사용하며, 상호작용하는 과정에서 사람들이 느끼는 심리상태를 가리킬 때는 '혼란스럽다'나 '어지럽다'는 단어를 사용할 것이다.

프리스턴대학교 인지과학연구소가 개발한 워드넷WordNet이란 프로그램에 따르면 '혼란스러움'이란 '헷갈리게 하는 복잡함'이라고 한다.

복잡함은 이 세상의 일부분이다. 하지만 그것이 우리를 헷갈리게 해서는 안 된다. 사람들은 어떤 것이 복잡할 수밖에 없을 때, 그 당위성을 인정하고 나면 얼마든지 받아들인다. 정신없이 지저분한 책상의 주인이 그 안에서 질서를 만들고 불편함 없이 사용하는 것처럼, 우리도 복잡함이라는 바탕의 원칙만 이해한다면 그 속에 담긴 질서와 근거를 파악할 수 있다. 하지만 아무런 규칙도 없는 제멋대로인 복잡함은 비효율과 짜증의 원인이 되므로 주의해야 한다.

현대의 기술은 복잡하다. 복잡함 자체는 좋은 것도, 나쁜 것도 아니다. 나쁜 것은 혼란스러움이다. 우리는 지금부터 복잡함이 아닌 혼란스러움에 대해 불만을 가져야 한다. 혼란스러움은 우리가 무언가를 조절하거나 이해하려는 노력을 무력하게 만든다.

그렇기 때문에 복잡함과 혼란스러움을 정확히 구분하고 바람직하게 대처할 필요가 있다. 혼란스러움은 피할 수 있다면 피해야 한다. 그 시작은 복잡함의 본질을 파헤치는 것부터다. 우리 기술에 불필요한 복잡함은 없는지, 기준이나 원칙도 없는 변덕스러운 성질에 대항하는 방법은 있는지 살펴보는 것이다. 이어서 복잡함의 깊이와 풍부함, 그리고 아름다움을 음미할 방법도 찾아보자. 만일 복잡함에 대한 변명의 가치조차 발견할 수 없다면 그것은 좋은 제품이라 할 수 없다. 좋은 제품에는 복잡함을 길들일 힘이 있다. 기술이 발전하고, 세상이 점차 다양성을 인정하면서 우리는 계속해서 복잡함이 필요한 순간과 마주한다. 이제 우리는 덜 복잡한 것만 쫓기보다, 복잡함을 다스리는 쪽을 선택해야 한다.

복잡함을 다스리기 위해선 그것을 먼저 이해해야 한다. 복잡함을 이해하는 첫 번째 방법은 사물 자체의 구조를 파악하는 것이다. 디자인과 같은 외형적인 형태를 터득한 뒤 사물 저변의 논리와 토대를 살펴봐야 한다. 그 과정에서 복잡함을 이해할 수 있다. 두 번째는 우리의 능력과 기술이다. 구조를 이해하고 숙지하는 데 충분한 시간과 노력을 들인다면 복잡함을 이해할 수 있다.

결국 복잡함을 터득하는 핵심은 '이해'다. 이해만 하면 더는 복잡하지도 혼란스럽지도 않다. 〈그림 1-2〉의 조종실은 복잡해 보이지만 조종사들은 이해할 수 있다. 고도의 기술집약적인 비행기에 필요한 복잡함이기 때문이다. 조종사들이 비행기 조종실의 복잡함에 익숙해지기 위해서는 명확한 정보 체계, 훌륭하게 모듈화된 구조 그리고 파일럿 교육, 단 세 가지만 있으면 된다.

인위적이고 인공적인 모든 것이 곧 기술이다

기술	① 잘 작동되지 않거나 알 수 없는 방법으로 작동되는 새로운 것.
	② 인간 생활에 실용적으로 활용할 목적으로, 또는 인간의 환경을 변화시키거나 조작할 목적으로 과학적 지식을 적용하는 것.

'기술'에 대한 두 가지 정의를 정리한 것이다. 첫 번째 정의인 '잘 작동되지 않는 새로운 것'은 내가 정의 내린 것이다. '과학적 지식의 적용'이라는 더욱 일반적인 정의는 『브리태니커 백과사전』에서 발췌했다. 아마 사람들은 첫 번째 정의에 쉽게 동의하지 못할 것이다.

소금통이나 후추통, 종이와 연필, 집 전화, 라디오와 같이 평범한 물건들은 기술로 생각하지 않기 때문이다. 하지만 이들도 모두 기술이다. 뒤에서 더 자세하게 이야기하겠지만 아주 간단한 기술에도 복잡함은 숨어 있다. 비록 손쉽게 사용하는 일상의 물건일지라도 다양한 변종이 있고 그 형태마다 다른 조작 원리를 가지고 있다. 실제로 어떤 물건에 적합한 조작법이 무엇인지를 파악하는 과정은 어려운데다가 상당한 노력이 필요하다. 게다가 사용 환경인 관습이나 문화 뿐아니라 다른 도구의 작동원리까지 파악해야 제대로 사용할 수 있는 물건이라면, 단순한 겉모습과 달리 실제로는 어마어마하게 복잡할 수도 있다.

그렇다면 왜 '기술'이라는 단어는 혼란이나 어려움을 야기하는 상황에 사용될까? 더불어 기계란 왜 그리도 다루기 어려운 걸까?

원인은 복잡한 기술과 복잡한 인생의 상호작용에 있다. 기술의 기반이 되는 원칙이나 작동 방식은 우리가 익숙하게 여기는 일이나 습관, 또는 행동 방식이나 사회적 상호작용과 충돌하기 쉽다. 어려움은 이 때 발생한다. 결국 네트워크 및 기술이 발전할수록 우리는 지속적으로 복잡한 상호작용과 마주하게 될 것이다.

기계를 작동하려면 규칙을 따라야 한다. 기계는 엔지니어나 개발자들의 논리와 정밀함으로 만들어진다. 기계를 사용하는 사람의 편리함보다 기계의 안녕을 염려하는 사람들이 디자인하는 것이다. 하지만 기계를 작동하는 것은 기계와는 다른 논리와 규칙을 가진 사람이다. 그 결과 기계와 인간의 종족 간 충돌이 일어난다. 이들은 태생부터 다르며 각자 믿는 보이지 않는 원칙(숨어 있고, 무언의 관습과 전제가 감춰진)에 따라 움직인다.

단순한 제품이 어떻게 짜증을 유발하는가

쓸데없이 복잡해서 사용할수록 짜증 나는 제품을 알고 싶은가? 내 피아노 이야기다. 롤랜드 피아노의 조작법은 생각처럼 되지 않아 나를 당황스럽게 만들었다. 이 피아노는 연주자(내 아내)가 원하는 소리를 정확하게 내려면 정교하게 세팅해야 했다. 클래식 연주회를 앞둔 우리는 그랜드 피아노 소리가 필요했다. 모든 것을 제대로 맞추는 데는 상당한 시간이 걸렸다. 자잘한 부분까지 일일이 조절해야 했기 때문이다. 하지만 항목 하나하나가 모두 합당하고 논리적이었으므로 상

관없었다. 그런데 문제는 나중에 피아노의 전원을 켜거나 연주를 시
작할 때 조절한 소리가 바로 나오도록 세팅을 저장하는 과정이었다.

세팅한 항목을 저장하는 일은 기능을 조절하는 기기에서 자주
사용하는 작동법이다. 롤랜드 피아노는 세팅한 것을 어떻게 저장해
야 할까? 〈그림 1-3〉의 피아노 매뉴얼은 세팅 방식을 다음과 같이 설
명하고 있다.

---

1. '건반 분리' 버튼을 내리고 '코러스' 버튼을 누르시오.
2. '메트로놈' 버튼을 누르시오(액정 화면에 buP 글자가 떠야 한다).
3. '녹음' 버튼을 누르시오.

아내와 함께 여러 번 저장해봤지만 끝까지 이 순서를 외우지 못
했다. 필요할 때마다 매번 매뉴얼을 찾아 그대로 따라 했다. 원칙도
없고 부자연스러운 순서 때문에 한 번에 성공한 적이 없었다.

롤랜드 피아노는 건반의 기계적인 느낌을 살리면서 최고의 피아
노가 내는 미묘하고 풍부한 울림을 잘 구현했다. 그래서 가격도 비싸
다. 하지만 피아노를 만들면서 조작에 대한 부분은 완전히 잊어버린
게 틀림없다. 그들은 싼티나는 조잡한 매뉴얼을 만들었고(매뉴얼 내
용뿐 아니라 서체도 형편없다), 피아노 설정에 대해서는 신경조차 쓰지
않았다. 고객의 니즈를 전혀 고려하지 않고 대충 작동방식을 디자인
한 것이다. 피아노의 음색을 디자인할 때 기울인 관심이나 고민과는
완전히 달랐다.

나는 형편없는 디자인을 볼 때마다 이런 결과가 나온 원인을 생

각해본다. 그런데 롤랜드 피아노는 도저히 이유를 알 수가 없었다. 보면 볼수록 매뉴얼이 이해되지 않았다. 훌륭한 기획자와 디자이너는 제품을 가장 이상적으로 사용하기 위해 방해가 되는 요소를 제거함으로써 제품에 세련미를 더한다. 혼란스럽고, 어지럽고, 사용할수록 좌절을 느끼는 시스템은 복잡함 때문이 아니다. 형편없는 디자인 때문이다.

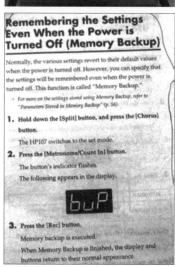

그림 1-3 어리석은 복잡성의 사례

롤랜드 피아노는 쓸데없이 복잡하다. 음정의 적절한 느낌과 연주음에 큰 관심을 기울인 멋진 피아노이지만 디지털 컨트롤의 작동은 그런 기능을 제대로 즐기지 못하게 한다. 값비싼 피아노에 달린 값싼 디스플레이는 이상한 글자를 보여준다. 유능한 음악가가 음표의 소리와 건반의 느낌에 맞춰 작업했고, 무능한 디자이너가 컨트롤을 디자인했던 것이다.

롤랜드 피아노는 건반의 느낌과 소리의 표현에 심혈을 기울였지만 작동 방식은 좀처럼 이해가 가지 않는다. 게다가 값비싼 피아노에 걸맞지 않은 조악한 매뉴얼은 또 다시 실망을 안겨준다. 훌륭한 음악가들이 섬세한 건반의 터치감와 다양한 소리의 울림을 만들어냈지만, 수준 미달의 기획자와 디자이너가 설계한 조작법 때문에 제 기능을 못하는 것이다. 롤랜드 피아노는 쓸데없는 혼란스러움을 가지고 있다. 이것이 어리석은 복잡함이다.

복잡함이 단순함과 다른 점

세상의 복잡함을 담을 수밖에 없는 제품도 있다. 기획 및 디자인 작업 과정 자체가 복잡한 경우도 있다. 하지만 단순히 작동 방식이 복잡한 것이라면 이야기가 다르다. 어떤 방식이 가장 체계적인지 한 번도 생각해보지 않은 것처럼 마구잡이 순서로 작동하는 제품이나, 근거도 없이 디자인한 제품은 사용자에게 혼란스러움과 어지러움, 좌절만을 전해줄 뿐이다. 이런 형편없는 디자인 때문에 많은 사람들이 현대 기술 때문에 스트레스를 받는다. 좋은 디자인은 사용자가 제품에 호감을 느끼고 사용하면 할수록 즐거운 감정을 이끌어낸다.

잘못된 디자인 때문에 복잡한 현대 기술에 지친 사람들은 단순한 삶을 부르짖는다. 간편한 활동, 소박한 소유물, 그리고 평이한 기술을 원한다. 사람들은 제품을 볼 때마다 "왜 이렇게 버튼이 많고 작동이 복잡한 거야?"라고 묻기 시작했다. "제발 버튼도 적고, 조작도 쉽고, 기능도 간단하게 만들어줘!"라고 호소한다. 이러한 니즈는 간편한 가전제품, 간편한 소형도구, 간편한 주방용품 등을 탄생시켰다. 이러한 제품들은 단순함이 정말로 실현 가능하다는 것을 보여주고 있는 듯하다.

하지만 현대 기술의 혼란스러움에서 비롯된 좌절을 줄이기 위한 많은 시도는, 상당 부분 핵심을 빗겨갔다. 단순한 상황을 고려한 심플한 제품은 해결책이 될 수 없다. 풍부하고 만족스러운 삶을 추구하는 우리에겐 복잡함이 필요하다. 우리가 좋아하는 노래, 이야기, 게임, 책 모두 다양하고 풍성하길 바란다. 결국 우리는 단순함을 갈구하는 동시에 복잡함을 필요로 한다.

게다가 우리의 일상은 이미 단순함을 곧이곧대로 반영할 수 없는 수준에 이르렀다. 예를 들어 단순함을 추구하는 사람들은 휴대폰에 전화를 걸고 받을 수 있는 기능만 있으면 충분하다고 말한다. 하지만 이를 위해서는 우선 휴대폰을 켜고 끄는 기능이 필요하다. 여기에 전화를 받고 통화를 종료하는 기능이 추가된다. 전화번호를 눌러야 하니 10개의 숫자 버튼도 필요하다. 여기까지만 해도 별도의 세 가지 조작이 추가되었지만 끝이 아니다. 자주 통화하는 사람의 목록이나 전화를 주고받은 사람의 목록도 저장해야 한다. 이렇게 된 김에 다른 기능도 추가하고 싶어진다. 사진을 찍고, 음악을 듣고, 목소리가 시끄러운 사람과 통화할 때는 볼륨도 조절해야 한다. 운전 중에는 이어폰으로 통화하거나, 간단한 메시지는 문자로 전송하고도 싶다. 이 모든 기능을 바라면서 심플한 제품을 원하는 것이 사람의 마음이다.

이쯤 되면 우리에게 진짜로 필요한 것은 인생이 요구하는 복잡함을 길들이는 능력이다.

현실적으로 우리의 일상은 수많은 제품들로 채워져 있다. 그 제품들은 모두 다양한 기능들과 아울러 쉽고 유연한 작동, 그리고 작동이 안 될 경우의 대안 등으로 복잡하게 만들어져 있다. 우리는 이 복잡함을 어떻게 다스릴 수 있을까?

버튼이 25개 있는 작은 계산기를 떠올려보자. 아니, 50개라고 하자. 어떤가, 갑자기 제품이 복잡해졌다고 생각하는가? 그렇다면 당신을 틀렸다.

〈그림 1-4〉의 ⓐ계산기를 보자. 버튼은 많지만 논리적으로 인지가 가능한 패턴으로 정리되어 있는 덕분에 특별히 복잡해 보이지 않는다. 열 개의 숫자 버튼과 소수점 버튼, 다섯 개의 계산 기호, 부호 변경 버튼 하나와 갱신 버튼, 네 개의 메모리 버튼이 전부다. 그리고 디스플레이를 조절하는 세 개의 버튼이 위에 있다. 모든 버튼이 논리적인 구조로 정리되어 있다. 메모리 버튼이나 부호 변경 버튼을 잘 모르는 사람이라도 개의치 않고 사용할 수 있을 만큼 전체적으로 이해하기 쉽게 만들어졌다.

옆에 있는 ⓑ계산기는 버튼이 거의 50개나 되는 전문가용이지만 어렵다는 생각은 들지 않는다. 'sinh', 'Rand', 'y'와 같은 문구를 잘 모르는 사람도 사용할 수 있다. 이런 기호를 무시해도 기본적인 계산을 수행할 수 있기 때문이다. 두 계산기가 단순하게 느껴지는 비밀은 익숙함과 구조다.

우리 마음속에 단순함이 있는 것처럼 제품의 구조에도 단순함

그림 1-4 많은 버튼이 꼭 혼동을 일으키는 것은 아니다

ⓐ에 있는 계산기에는 25개의 버튼이 있다. (왼쪽 상단에 계산기의 컴퓨터 창을 제어하는 3개의 원형 버튼 포함). 그러나 버튼이 논리적 그룹으로 나누어져 있기 때문에 대부분의 사람들은 계산기가 간단하고 이해하기 쉽다고 생각한다. ⓑ의 과학계산기는 49개의 버튼과 "sinh", "Rand", "yx"라는 일반인이 쉽게 파악할 수 없는 표시가 있다. 이것들이 무엇인지 전혀 몰라도 단순히 이를 무시하면 되므로 사용하는 데는 어려움이 없다.

이 있다. 만일 계산기의 버튼이 기준도 없이 마구잡이로 배치되었다고 생각해보자. 쉽다고 생각했던 계산기 작동이 어렵고 혼란스러운 작업으로 변할 것이다. 단순함과 복잡함의 차이는 구조에 있다.

복잡한 것들도 유쾌할 수 있다

세상은 복잡하다. 자연도 마찬가지로 복잡하다. 〈그림 1-5〉의 두 깃발을 보라. 바로 길 건너에 있는 두 개의 깃발이 서로 반대 방향으로 날리고 있는 모습이 보일 것이다. 이 사진이 이해가 되는가? 이는 '바람의 도시'라고도 알려진 시카고 북쪽 일리노이 주 에번스턴의 전형

그림 1-5 자연속의 복잡함
자연 조차도 복잡하다. 길을 가운데 두고 서로 마주보는 두 개의 깃발이 반대 방향으로 펄럭이고 있다.

적인 날씨를 보여준다. 사진은 실제로 내가 사는 아파트 창문에서 찍은 것이다.

처음에는 나도 도로 하나를 사이에 둔 두 개의 깃발이 반대 방향으로 나부끼는 것이 믿기지 않았다. 하지만 깃발을 바라볼수록 흥미로웠다. 두 개의 깃발에서 자연의 복잡함을 확인한 것이다. 이런 날이면 나는 '오늘은 집밖에 나가지 말아야겠다. 나갈 일이 있으면 바람을 조심해야지.'하고 생각한다. 보이지 않는 바람조차 미스터리하고 복잡하다는 것, 바로 자연의 법칙이다.

약간의 복잡함은 바람직한 것이다. 심리학자들은 인간이 단순한 것보다는 적절한 복잡함을 선호한다는 사실을 밝혀냈다. 너무 단순하면 지루하고, 너무 복잡하면 혼란스럽다. 저마다 각기 다른 이상적인 복잡함의 기준을 가지고 있다. 음악이나 문학, 영화 등 예술 분야에서 일하는 사람들은 자신의 일에 정통할수록 복잡한 것을 선호한다. 때로는 원하진 않지만 복잡함이 필요한 경우도 있다. 특히 스포츠나 법학이 그러하다. 규칙을 적용할 방법을 찾다가 새로운 규칙을 만들어내면서 복잡해지는 것이다.

스포츠 경기를 보다가 주심들이 어떤 규칙을 적용할지 결정하기 위해 우르르 모이거나, 다른 심판을 부르는 장면을 목격한 적이 있을 것이다. 예컨대 야구는 아주 간단한 게임이다. 하지만 규칙을 적어놓은 책의 분량은 200쪽에 달한다. 야구 용어와 그 의미를 적은 간단한 목록만 13쪽에 달한다. 야구뿐 아니라 대부분의 스포츠들도 마찬가지다. 국제 축구연맹FIFA에서 발간한 공식 규칙서는 70쪽이다. 여기에 질문과 답변을 수록한 44쪽짜리 안내서와 300쪽짜리 가이드북도 있다. 편리하게 다운로드할 수 있는 경기 법칙에 관한 문서만 해도 138쪽이나 된다.

야구의 내야 플라이는 내가 말하고자 하는 이상적인 복잡함이 무엇인지 정확하게 보여준다. 야구의 내야 플라이 규칙은 다음과 같다. 타자가 내야로 공을 치면 수비는 공이 땅에 떨어지기 전에 공을 잡아야 한다. 그러면 베이스를 달리던 주자들은 원래 그들이 있던 베이스로 돌아갈 수 있다. 이때는 안전하게 돌아가는 것이 허용된다. 그런데 이 규칙을 적용함으로써 새로운 상황이 발생한다. 만일 수비수가 공을 못 잡았을 경우, 그 수비수가 빨리 공을 주워서 베이스로 던

지면 베이스를 떠난 주자를 잡을 수 있다. 따라서 수비수들은 일부러 공을 잡지 않고 떨어지는 즉시 빨리 잡아채서 베이스로 던진다. 주자들이 공을 잡지 못한 것을 확인하고 베이스를 떠난 사이에 그들을 태그아웃 시키는 것이 자신의 팀에 유리하기 때문이다. 이러한 방식이 공정하지 않다고 여긴 야구협회는 내야 플라이 법칙을 만들었다. 내야 플라이를 선언하면 공을 잡든, 잡지 않았든 타자는 자동으로 아웃된다.

이 법칙은 내야수에게만 적용된다. 자신의 팀에 유리한 결과를 가져올 목적으로 내야수들이 고의적으로 규칙을 악용하는 것을 막기 위해서다. 그런데 내야 플라이 법칙이 발휘되는 순간부터 야구의 복잡함은 가중된다. 대체 누가 내야수인지를 규정해야 하기 때문이다. 규칙에 따르면 외야수도 내야수다. '내야에 자리잡은 투수, 포수, 그리고 외야수도 이 규칙에 한하여 내야수로 간주된다.'고 적혀 있다. 그럼 '고의적으로 공을 놓친다.'는 의미는 무엇일까? 이제 규칙서의 공식 해설이 필요하다.

규칙서는 '심판은 잔디나 베이스라인과 같은 어쩔 수 없는 상황이 아니라면 내야수가 쉽게 잡을 수 있는 공인지를 판단해야 한다. 외야수가 그 공을 관할하는 상황이라도 내야수가 간단히 잡을 수 있는 공이라고 판단했다면 심판은 그 공을 내야 플라이로 선언해야 한다.'라고 쓰여 있다. 사실 이건 내가 요약한 내용이고 공식적인 해설은 한 페이지가 넘는다.

야구의 이런 복잡함은 우리를 괴롭힌다. 하지만 게임의 즐거움을 배가시키기도 한다. 야구팬들은 복잡한 규칙에 대해 끊임없이 토론

하는 것을 좋아한다. 스포츠 기자들은 심판의 판정에 이의를 제기할 수 있는 자신의 깊은 지식에 자부심을 가진다. 이렇듯 복잡한 규칙들은 별다른 대안이 없기에 계속해서 경기에 추가된다.

숨은 복잡함 찾기

가끔은 일부러 복잡함을 찾기도 한다. 하루에도 몇 잔씩 마시는 커피를 생각해보자. 커피를 만드는 과정은 간단함과 복잡함, 편리함과 맛, 쉽고 빠르게 마시는 것과 깊은 풍미를 담은 커피를 추출하는 과정의 즐거움 사이를 저울질하는 트레이드오프Trade off(어느 것을 얻으려면 반드시 다른 것을 희생해야 하는 경제 관계)를 명확하게 보여준다.

커피의 시작은 콩이다. 수확한 콩을 로스팅 한 뒤 갈아내 물과 섞으면 된다. 원칙적으로 한 잔의 커피를 만드는 과정은 이렇게 간단하다. 그렇지만 커피를 오랜 시간 연구한 사람들이나 전문가는 다르다. 이들은 완벽한 맛을 위해 엄청난 노력을 기울인다. 어떤 콩을 언제 따야 할까? 물 온도와 시간은 어느 정도가 적당한가? 원두와 물의 가장 이상적인 비율은 무엇일까? 등등의 문제에 대해 늘 고민하고 연구한다.

완벽한 커피나 차를 만들려는 욕구는 음료의 역사만큼이나 오래 되었다. 특히 차는 찻잎을 달여 손님에게 권하거나 마실 때의 예법인 '다도'가 있는데 워낙 복잡해서 섬세한 부분까지 터득하는 데만 몇 년이 걸리기도 한다.

이렇다보니 차를 우리거나 커피를 제조하는 방법에서 모두 편리함을 추구하는 사람과 완벽함을 추구하는 사람들 사이의 갈등이 계속해서 존재해왔다. 당신은 다양한 과정을 거친 차 한 잔이 주는 사치스러움과 즐거움을 느끼길 원하는가, 아니면 번잡스럽고 어지러운 과정 없이 바로 음료를 마시길 원하는가? 우리는 상황에 따라 복잡하지만 제대로 된 과정을 통해 깊게 우러난 맛을 원하는가 하면, 어떨 때는 그저 편하고 간단한 절차로 재빠르게 차를 마시길 원한다. 차 한 잔, 커피 한 잔에도 단순함과 복잡함의 트레이드오프가 존재한다. 언제나 단순함이 승리하는 것은 아니다.

최소의 노력으로 뛰어난 맛을 제공하는 커피 제조기는 또 다른 주제다. 단순한 것부터 여러 차례 정교한 과정을 거치는 것까지 다양한 방식이 있다. 가장 간단한 방법은 물통에 갈아낸 원두를 넣고 끓이는 것이다. 반대로 가장 정교한 것은 원두를 갈아서 꾹꾹 다지고, 물을 데우고, 다진 원두를 여과시킨 뒤, 찌꺼기까지 처분하는 모든 과정이 자동으로 이뤄지는 방식이다. 자동 커피 제조기라 불리는 이 기계는 정교하면서도 편리하다. 그래서 비싸다. 최근에는 속도뿐 아니라 청소까지 간단한 캡슐형 커피 추출기가 인기를 끌고 있다. 압축 포장된 원두 캡슐 하나로 쉽고 빠르게 한 잔의 커피를 음미할 수 있는 방식이다. 이처럼 커피 추출 제품은 갈수록 다양해질 전망이다.

42쪽의 〈그림 1-6〉은 밸런싱 사이폰Balancing Siphon이라고 하는 커피 추출 기계다. 사람들은 이를 보고 '과연 이렇게 복잡한 게 필요할까?'하고 생각한다. 사실 커피 한 잔을 만드는 기계치고는 심하게

그림 1-6 유쾌한 복잡성

로얄커피메이커스의 밸런싱 사이폰Balancing Siphon 커피 추출 기구. 커피 추출 기구가 매우복잡해 보이는가? 바로 그것이 장점이다. 즐거운 시각적 복잡성은 곧 매력이 된다.

복잡해 보이기도 한다. 하지만 그게 핵심이다. 사용자는 복잡한 과정에서 얻는 즐거움을 이 기계의 가장 큰 매력으로 여긴다.

오른쪽 용기에는 물을, 왼쪽에는 로스팅해 갈아낸 커피를 넣는다. 오른쪽 밑 램프에 불을 피우면 물 온도가 올라가면서 공기의 압력으로 뜨거워진 수증기가 왼쪽 용기로 이동한다. 여기서 커피와 수증기가 섞인다. 시간이 지나 수증기가 계속 이동하면서 왼쪽이 오른쪽보다 무거워지면 램프의 덮개가 내려가면서 가열이 중단된다. 오른쪽 용기의 온도가 내려가면서 압력도 낮아진다. 이 기계의 매뉴얼에는 오른쪽 용기의 압력이 낮아져 진공상태가 되면 다시 커피를 빨아들이고, 그 길을 따라 걸러진 원두가 밖으로 빠져나간다고 적혀 있다. 나는 좋은 커피맛은 잘 모른다. 그래도 이런 흥미로운 방식으로 커피가 추출되는 것을 확인할 수 있는 기계라면 복잡해도 재미있을 것이라고 확신한다.

커피 한 잔 마시는데 왜 이렇게 복잡한 과정이 필요한 걸까? 사람들은 다양한 잣대로 행동 방식을 결정한다. 그 잣대가 비용이 될 수도, 시간이 될 수도 있다. 어떤 기준을 선택할 것인가는 사회적으로 중요시 여기는 가치에 얼마나 근접하느냐에 달려 있다. 비용과 시간이 중요하다고 생각하는 사람들은 인스턴트 커피를 선택할 것이고 비용과 시간에 구애받지 않고 맛 좋은 커피를 마시고 싶다면 원두를 갈아서 바로 추출한 신선한 커피를 선호할 것이다. 이때 커피를 추출하는 의례적인 절차가 우리 삶의 복잡함을 가중시킨다. 하지만 그런 것이 있어서 삶이 즐겁다. 커피 애호가들에게는 맛있는 커피를 준비하는 복잡한 과정이 곧 인생의 재미와 즐거움을 느끼는 순간이다.

모든 문화에는 의례적인 절차라고 하는 '의식儀式'이 존재한다. 예를 들어 우리는 식사를 하면서 사회규범을 따른다. 어떤 도구를 왜 이용하는지, 누가 먼저 먹을지, 누가 음식을 만들거나 나를 지와 같은 모든 것이 의식이다. 지금부터 음식을 먹는 세 가지 상황을 가정해 보자. 첫 번째, 요리사가 30분 동안 신선한 재료를 손으로 다듬고 조리해서 당신의 입맛에 맞게 만든 음식을 먹는 것이다. 두 번째는 앞의 상황과 같지만 그것을 요리하는 사람이 자신이 될 경우다. 마지막 상황은 전자레인지에 냉동식품을 넣고 돌려서 금세 먹을 수 있도록 음식을 준비하는 것이다. 당신이라면 어떤 상황을 선택하겠는가? 사람에 따라 제각기 다른 대답을 내놓을 것이다. 음식을 먹는다는 것은 시간과 노력, 비용, 맛, 무언가를 만드는 즐거움 중 하나를 얻는 대신 반드시 다른 하나를 포기해야 하는 트레이드오프의 과정이다. 모든 의식들에서 이러한 선택이 존재하며 인생은 트레이드오프의 연속이다.

오랜 학습을 필요로 하는 일상생활의 흔한 측면들

무엇이 얼마나 복잡한가를 알 수 있는 한 가지 방법은 그것을 배우고 익히는데 얼마나 시간이 걸리는지 확인하는 것이다. 우리가 살고 있는 사회는 끊임없이 움직이며 복잡한 시스템을 수용하고 있다. 우리는 여기에 익숙해지면서 성인이 되기 때문에 자신이 무심코 행동하고 있는 것들이 얼마나 복잡하고 난해했는가를 잊어버린다. 그것을 터득하는 데 들인 시간을 떠올리지 못하는 것이다. 우리는 사회에서 약속된 시스템을 익히는 데 걸리는 시간이 얼마나 필요한가를 기준으로 복잡함의 정도를 측정할 수 있다. 가장 대표적인 시스템은 시간 표시와 문자다.

인류가 시간을 측정한 것은 아주 먼 옛날부터다. 수렵·농경 시대에는 연간 주기에 따라 생활했고, 이 덕분에 달력과 시간 기록법이 탄생했다. 당시 시간은 주로 제사장들이 통제했다.

산업혁명은 수많은 사람들이 한 장소에서 동시에 작업을 하는 대규모, 분업화로 노동 방식을 바꾸었다. 이때부터 시계는 인간의 행동을 제어하는 중요한 도구가 되었다. 언제 일어나고, 먹고, 기도하고, 일하며, 휴식을 취하고, 일을 끝내고, 잠을 자는가를 시계에 의존해 결정했다. 사실 시계 자체는 임의적인 기계장치로 인간의 욕구와 일치하지도 않는다. 하지만 사회는 시계가 기록하는 시간을 기준으로 엄격한 생활을 요구하기 시작했다.

오래 전, 하루의 시간은 인간의 필요에 따라 구분되었다. 낮은 12시간으로 나누어졌고 정오는 그 중 6번째 시간에서 시작했다. 그러나 북반구에서는 여름이 겨울보다 낮이 훨씬 길기 때문에 태양이 뜨고 지는 동안 12개로 나눈 시간의 간격이 맞질 않았다. 세월이 흘러 이 방식은 시계추의 기계적인 일관성과 천문학적 측정, 원자의 진동을 이용하여 점차 정교하게 바뀌었다. 하지만 하루를 12시간씩 두 번에 걸쳐 구분하는 방식은 여전히 남아 있다. 18세기 후반 프랑스 혁명이 일어나면서 12시간의 단위를 더 쉽게 분별할 수 있는 십진법으로 재규정하려는 시도가 있었지만 실패로 돌아갔다.

시계는 길이가 다른 두 개의 바늘이 돌아가면서 시간의 흐름을 알려주는 기계다. 시간은 12개의 단위로 나뉘고, 분은 60개로 나뉘어 시와 분의 역할을 담당하는 바늘의 위치가 가리키는 것이 곧 현재 시각이다. 시간을 십진법으로 단순화하는 것에 반대하는 사람들은 아날로그 형식인 바늘로 지나간 시간과 남은 시간을 쉽게 계산할 수 있다고 주장한다. 하지만 아이들은 이 시스템을 배우기 위해 수개월 동안 사투를 벌인다. 시계를 보는 법에 익숙해질 때까지 수많은 실수를 하기도 한다. 우리가 시간을 규정하는 방식은 복잡하고 혼란스럽지만 사회는 그것을 받아들이는 것을 배웠다.

사회적으로 약속된 또 다른 복잡한 시스템은 문자다. 인간의 언어는 대화를 통해 자연스럽게 진화해왔다. 그런데 글로 기록하기 시작하면서 어떤 소리가 어떤 문자 기호로 쓰이는가를 규정하게 됐고, 그전과는 전혀 다른 세상이 펼쳐졌다. 실제 지구상에는 다양한 문자 기호들이 있지만 모든 문자가 언어의 소리 체계와 완벽히 맞아떨어지지는 않는다.

사람이 말하는 소리를 기호로 나타낸 문자는 단음문자와 음절문자로 구분할 수 있다. 단음 문자는 하나의 글자(기호)가 하나의 단음(낱소리)을 표시하는 것이다. 한글과 로마자가 대표적이다. 음절 문자는 한 음절을 한 글자로 나타내는 방식이다. 보통 자음과 모음이 하나로 합쳐져서 이루어진다. 대표적인 예로 일본어의 가나가 있다. 만약 [ka]소리를 알파벳으로 표시할 때는 'K'라는 자음과 'A'라는 모음을 합쳐 두 개의 문자를 사용하여 'KA'라고 쓴다. 그런데 음절 문

자인 가나로는 'か'라는 한 문자로 표기할 수 있다.

　이 외에도 사물을 본뜨거나 그와 관련된 의미를 가리키는 상형 문자가 있다. 상형 문자로 읽는 법을 배우려면 글자마다 모양과 발음을 다 외워야 한다. 평생에 걸쳐 글자를 외우는 것이다. 상형 문자의 가장 좋은 예는 중국어다. 일본어에서도 가나 외의 상형 문자가 함께 사용된다. 그러다보니 발음은 같은데 생긴 모양이나 쓰는 방법이 다른 음절 문자들 때문에 어려움을 겪기도 한다. 일본어를 사용하려면 가타가나와 히라가나라는 두 개의 음절 문자와 중국의 상형 문자(간지), 그리고 어떤 단어나 상황에서도 쓸 수 있는 로마자 알파벳을 함께 배워야 한다.

　여기에서 그치지 않는다. 어렵게 익힌 언어를 읽기 위해서는 글쓰기 시스템을 익혀야 한다. 나의 모국어인 영어의 경우, 기호마다 발음을 배우고 그 발음이 상황에 따라 어떻게 달라지는지도 알아야 한다. 문자를 적는 모양도 대문자와 소문자, 필기체와 인쇄체 등에 따라 달라진다. 이렇게 복잡한 과정을 숙지해야만 언어를 읽고 쓸 수 있다. 그런데 우리는 어린 시절 언어를 익히는 과정이 얼마나 어려웠는지를 잊어버린 지 오래다.

　언어를 배운다는 것은 어려움과 수월함 사이를 줄 타는 것과 같다. 소리가 표현하는 그대로 문자로 나타낸다고 생각하면 쉽다. 하지만 문자와 소리의 관계가 모호하고 일정한 기준이 없는 언어도 있다. 아마 영어는 문자와 소리 사이의 관계에 원칙이나 기준이 없어 어디로 튈지 모르는 악명 높은 언어 중 하나일 것이다.

　반면 한국의 한글은 매우 신중하게 고안된 언어다. 한글은 15세기 세종대왕과 집현전 학자들이 발명한 14개의 자음 기호와 10개의 모음 기호로 이루어진 것이다. 이 기호들을 최소 한 개(모음)에서 최대 여섯 개(어두자음군2+이중모음2+자음1+자음1)씩 조립하여 하나의 음절을 만들어낸다. 이 음절은 하나로 단어가 되기도 하고, 여러 개가 모여 하나의 단어를 만들어내기도 한다. 이렇게 형성된 단어는 중국 글자와 비슷하게 보이기도 하지만 사실은 문자 기호가 조합된 것이다. 어떤 단어라도 즉시 발음을 파악하고 읽을 수 있다. 중국어에서는 불가능한 일이다.

어떤 권위 있는 언어학자는 "하루만에도 한국어를 배울 수 있다"며 한글의 우수성을 칭찬했다. 한국인들 역시 한글은 읽고 쓰기가 매우 쉽고 정확해서 금방 배울 수 있다고 말한다. 하지만 한글 역시 단순하지만은 않다. 한글도 나름대로 복잡하다.

나는 한국 KAIST의 초빙교수로 임명되어 대전에서 근무할 때 한글을 배우기 위해 고군분투했다. 이때 다른 외국인들이 최소 몇 주간은 걸릴 것이라고 말해주었다. 대체 왜 그리도 한글이 어려웠던 걸까?

한글이 정교하게 설계된 언어인 것은 확실하다. 하지만 모든 언어에는 미묘하게 다른 발음이 존재하며 소리를 글로 옮기는 어려움이 있다. 영어에는 알파벳이라는 26개의 기호가 있는데 철자나 발음이 복잡해서 영어를 모국어로 사용하는 사람들도 실수를 저지른다. 10개의 모음과 14개의 자음으로 이루어졌다는 한글은 기본 모음에서 나온 11개의 이중모음과 나름의 규칙을 가진 5개의 쌍자음, 그리고 자음을 혼합한 11개의 이중자음(주로 받침에 쓰인다)이 있다. 종합하면 무려 51개의 기호를 배워야 하는 셈이다. 언어학자들은 각각의 문자가 소리나 음소를 내는 발성기관인 입과 혀의 모양을 적절히 차용한 것이기 때문에 문자의 모양에 기준이나 원칙이 없는 것은 아니라고 주장한다. 하지만 나에겐 이 관계가 너무 추상적으로 느껴져서 정작 한글을 배우는 데에는 전혀 도움이 되지 않았다. 배우기 어렵냐고? 복잡하냐고? 물론 그렇다.

이러한 복잡함 때문에 한국을 탓할 필요는 없다. 한글이 세계의 다양한 문자 중에서도 가장 논리적이고 정확한 것 중 하나임은 부정할 수 없다. 탓하려면 세상을 탓해라. 언어는 수천 년 동안 진화하면서 나름대로 손쉬운 방법을 찾아내고, 다른 언어 양식을 차용하기도 하며, 특수한 문법이나 발음을 적용하기도 했다. 이런 과정을 거쳤기 때문에 어떤 음소 문자나 음절 문자도 자신이 지닌 복잡함을 모두 보여줄 수는 없다. 세상 모든 언어가 이와 같은 방식이다. 글쓰기의 발명은 우리의 삶을 풍요롭게 만들었다. 글쓰기는 인류의 놀라운 지식과 생각, 아름다운 이야기와 시를 다른 이들을 위해 남겨둘 수 있게 한다. 때로는 시공을 초월한 기록으로 전해진다. 글쓰기와 읽기는 인류를 지적으로 발전시킨 그 자체로 대단한 발명이다.

문제는 글로 나타내는 문자와 발성기관이 내는 소리가 다르기 때문에 태생적으로 모순적이고 복잡할 수밖에 없다는 것이다. 말로 하는 언어는 자연스러우니 누구나 자연스럽게 배울 수 있다. 반면 글로 쓰는 언어는 독단적이고 변덕스럽다. 물론 배우기도 어렵다. 세계의 수많은 인구가 아직까지도 문맹자로 남아있다는 사실이 결코 놀랄 일이 아닌 것이다.

습득보다는 터득이 중요하다: 습득과 터득의 차이

음악을 나타내는 방식 역시 뿌리가 깊다. 그렇다고 쉽다는 뜻은 전혀
아니다. 음악을 표현하는 악보는 오선지와 음표로 이루어져 있다. 다
섯 개의 수평선으로 이루어진 오선지에 작은 타원형의 음표를 놓는
다. 음표는 선 위에 놓이기도, 선 사이에 놓이기도 한다. 선과 음표만
으로는 음악에 쓰이는 모든 음을 다 표현할 수는 없다.

때문에 올림표인 샵(#)이나 내림표인 플랫(♭)도 사용한다. 여기에
음자리표 기호까지 더해지면 더 복잡해진다. 가장 널리 쓰이는 것이
높은음자리표treble clef, 낮은음자리표bass clef, 알토 음자리표alto clef, 테
너 음자리표tenor clef다. 똑같은 음표라도 음자리표에 따라 나타내는
음이 달라진다. 오선지의 가장 아랫줄에 있는 타원은 높은음자리표
에서는 E, 낮은음자리표에서는 G, 알토 음자리표에서는 F, 테너 음
자리표에서는 D음이라 부른다.

피아노 연주자들은 보통 두 개 이상의 음자리표를 이용한다. 주
로 높은음자리표와 낮은음자리표인데, 이는 다른 규칙을 가진 두 개
의 오선지를 동시에 읽어야 한다는 뜻이다. 오르간 연주자들은 각각
손과 발, 페달을 뜻하는 세 개의 대형 오선지를 사용한다. 가장 위의
오선지는 높은음자리표, 맨 아래의 낮은음자리표, 그리고 가운데는
그때그때 다르다. 앞서 언급했듯 음악은 같은 기호를 사용해도 음자
리표에 따라 의미가 달라진다. 이를 두고 '선법 표현modal display'이라
고 부른다. 선법은 음악의 조성이 확립되기 전에 만들어진 방식으로,
화성법이 정착하기 전, 독립성이 강한 둘 이상의 멜로디를 동시에 결

합하는 음악 기법을 말한다. 많은 연주자들이 바로 이 선법 때문에 헷갈려서 실수를 저지르곤 한다.

나는 악보를 읽을 때 생기는 혼란을 줄이기 위해 악보를 이리저리 조금씩 조작하면서 모든 음자리가 정확히 한 옥타브를 가리키는 체계가 없을까 고민했다. 어떤 음자리든 음표가 똑같은 의미를 갖는 방식 말이다. 하지만 얼마 지나지 않아 좌절하고 말았다. 인터넷에서 약간의 검색만 해봐도 나의 노력이 음계 시스템의 결함을 극복하기 위해 그동안 투쟁해온 수많은 개척자들과 다르지 않음을 알았기 때문이다. 20세기의 영향력 있는 작곡가 아르놀트 쉰베르크Arnold Schoenberg는 거의 한 세기 전인 1924년에 "새로운 음악 기록의 필요성, 또는 기존의 것을 혁명적으로 개선해야 할 필요는 보기보다 훨씬 크다. 이런 문제를 해결해보려 했던 기발한 사람들의 수는 생각 이상으로 많다."라고 말했다.

그림 1-7 높은음자리표와 낮은음자리표
학습의 혼란을 가중시키는 표기법의 양상을 묘사하자면, 높은음자리표의 온음표는 C 코드를 나타내지만 낮은음자리표의 동일한 기호는 E 코드를 나타낸다.

나는 곧이어 내가 시도한 방식보다 훨씬 쉽게 샵이나 플랫, 그 외의 다른 뒤섞인 시스템을 해결할 방법을 발견했다. 반음계 기록이라 불리는 〈그림 1-8〉과 같은 방식은 지금까지와 마찬가지로 오선지를 이용한다. 대신 음을 순서대로 쌓아올려 음표마다 자신의 자리를 배정했다. 연주자에게 알려줄 때를 제외하면 샵인지 플랫인지, 아니면 기본음인지를 적을 필요가 없다. 따라서 음악의 키를 지정할 필요도 없다. 오선지 가장 아랫줄은 D음을, 그 바로 위는 D#, 다음 줄은 E, 그 다음은 F, 그리고 그 다음은 F# 등 순차적으로 각자의 음을 가리킨다.

그렇다면 기존의 복잡한 악보를 이 악보로 전환해서 좀 더 쉽고 합리적인 시스템으로 연주하는 것이 가능할까? 결론부터 말하자면 그럴 것 같지는 않다. 사람들이 고수해온 전통을 바꾸는 것은 쉬운 일이 아니다.

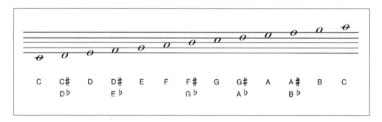

그림 1-8 반음계 표기법

샵과 플랫을 더 이상 사용하지 않고도 풍부하면서도 유용하게 음계 표시를 할 수 있는 오선지. 가장 중요한 점은 각 음계가 정확히 한 옥타브를 나타내므로 이 음계의 위에 있건 아래에 있건 모든 음표는 같은 방식으로 음을 나타낸다. 예를 들어, 가장 아랫줄에 걸친 음표는 연주되는 옥타브와 상관없이 모두 D를 나타낸다.

출처: 뮤직노테이션프로젝트, http://musicnotation.org/

악기는 대부분 오랜 역사를 가지고 있으며 다양한 모양과 크기, 형태가 있다. 악기의 기본 틀은 초기 음악가들이 현의 진동이나 공기 기둥, 막 등 물리적인 특성을 우연히 발견한 것에서 비롯되었다. 단순히 악기를 작동시키는 법을 습득하는 것은 쉽다. 하지만 터득하는 법은 어렵다. 피아노 연주를 예로 들어보자. 피아노를 치는 법은 직접적이라 비교적 이해하기 쉽다. 악보를 따라 건반을 누르고 페달을 밟아 소리를 조절하면 된다. 이것이 습득이다. 하지만 실제로 연주하는 방법을 터득하기는 쉽지 않다.

악기를 연주하려면 '습득'과 '터득' 이 두 가지를 배워야 한다. 습득은 악기마다 손을 어떻게 움직일 것인지, 자세와 호흡은 어떻게 해야 하는지, 연주에 도움이 되는 특별한 자세나 기술 같은 것은 무엇인지 확인하고 익히는 과정이다. 하프나 피아노 같은 악기는 각각의 손이 동시에 다른 리듬을 타기도 하고, 오르간이나 타악기는 두 손과 발을 동시에 사용하기도 한다. 얼핏 보면 어려운 것 같지만 반복을 통해 움직임이 익숙해지면 얼마든지 능숙하게 연주할 수 있다.

터득은 습득과 다르다. 악기 자체를 깊이 생각해 음악의 이치를 깨닫는 것이다. 작곡가와 지휘자의 의도를 이해하고 다른 연주자와 조화를 이뤄야 한다. 재즈나 록처럼 인쇄된 악보 없이 즉흥 연주가 주가 되는 장르는 음악을 터득하지 않으면 제대로 연주할 수 없다. 이 기술은 평생에 걸쳐 연마해야 한다.

일단 숙달되기만 하면 쉬워 보이는 일상의 자동차 운전도 상당히 복잡한 일이다. 운전의 모든 절차를 숙지하려면 최소 몇 주가 걸리고, 기본 작동 이상으로 기량을 향상시키려면 몇 달이 걸린다. 처음 운전을 배우던 때를 기억하는가? 양손과 양발을 함께 움직이는 동시에 두 눈은 뒤에 오는 차와 양옆, 앞에 있는 장애물을 모두 주시해야 하는 상황을 말이다. 이 모든 일이 눈 깜짝하는 사이에 일어나는 것만 같았을 것이다. 처음에는 운전을 하는 것이 불가능하다고 생각한다. 하지만 몇 년 동안 하다 보면 모든 것이 익숙해지고 쉽게 느껴진다. 운전하면서 음식을 먹거나, 화장을 하고, 옆 좌석의 물건을 집는다. 능숙해질수록 주행 중의 자유 또한 함께 늘어난다. 언제부턴가는 운전이 지루해지기까지 한다. 이때가 바로 '알고 보면 운전도 쉬운 것'이라는 속임수를 조심해야 할 순간이다. 운전 과정이 지닌 본래의 복잡함은 갑자기 경고도 없이 위험한 상황에 놓이게 만들기 때문이다. 매년 전 세계에서 수천만 명의 사람들이 교통사고를 당하는 이유도 그것이다.

혹시 읽거나 쓰는 것, 자동차를 운전하는 것, 악기를 연주하는 것 등이 '너무 복잡하기 때문에' 싫어한 적이 있는가? 아마도 그런 일은 없을 것이다. 우리는 무언가를 배우는 일이 적절한 행동이라고 생각했을 때 복잡함에 대해서는 신경 쓰지 않는다. 단지 애매하고 변덕스러운 무언가를 작동하는 방법을 배우느라 시간을 소모하는 게 싫은 것이다. 그럼에도 복잡하고 어려운 그 일이 인생을 살아가는 데 필요하다고 생각되면 그것을 배우기 위해 몇 주는 물론 몇 년도 기꺼이 투자한다.

테니스나 골프, 그림 그리는 것 또는 공예를 배우는 데는 최소 몇 달이 걸리고 숙달하는 데는 몇 년이 걸린다. 나는 예전에 어떤 분야의 전문가가 되려면 최소 5,000시간 이상을 투자해야 한다고 주장한 적이 있다. 그런데 요즘에는 이마저도 너무 적은 게 아닐까 싶다. 특정 분야에 통달한 전문가들을 연구한 사람들은 "각자의 영역에서 세계적인 수준에 도달하려면 10년 또는 1만 시간 이상을 투자해야 한다"고 말한다. 이는 단순히 연습에 할애된 시간이나 실제 그 분야에서 활동해온 시간을 말하는 것이 아니라 선생님이나 다른 전문가의 도움을 받아가면서 그 일을 위해 자신을 단련시키는 의도적이고 능동적인 시간을 뜻한다. 특정 분야의 전문가가 된다는 것은 그만큼 어렵고, 이때 해결해 내야 하는 과제들은 놀랄 만큼 복잡하기 마련이다.

이런 우리가 고작 한두 시간만 배우면 되는 신기술에 불평하는 모습을 보면 신기하다. 15분만 투자하면 되는 일에 불평하는 사람도 있다. 어린 시절에 수영이나 스케이트, 자전거 타기를 배우면서 시간이 너무 많이 걸린다고 투덜댄 적 있는가? 오히려 읽기, 쓰기, 산수와 같은 학문의 기반을 닦기 위해서는 더 오랜 시간이 필요하다. 우리가 이런 것에 불평해왔는가? 아니다. 결국 우리는 어떤 것이 필요한 수준으로, 납득 가능한 이유로 복잡하다면 그것을 이해하는데 드는 시간과 노력을 당연하다고 생각한다. 다만 불필요하게 꼬여 있거나 혼란스럽고, 체계적인 구조가 없는 기술이나 서비스에 대해서는 철저하게 불평할 필요가 있다.

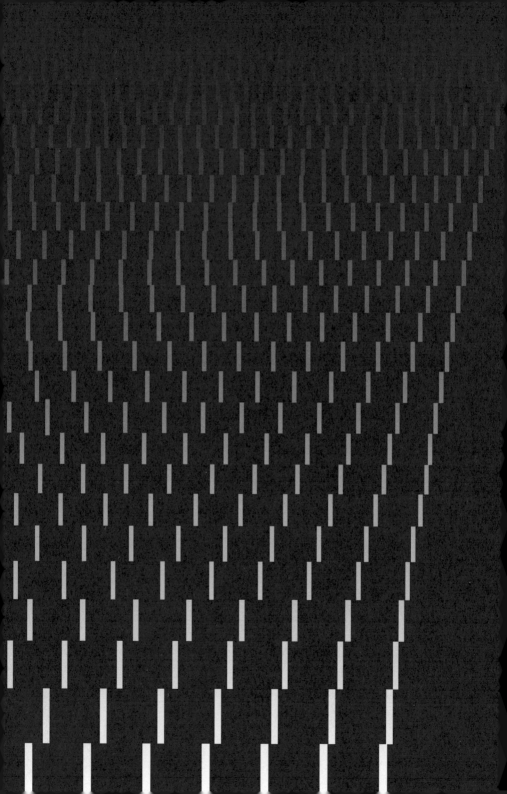

2장

단순함은
생각하기 나름이다

생각의 허를 찌르다

2008년 이탈리아의 토리노는 '세계 디자인 수도'로 선정됐다. 나는 전시회 관람도 하고 부르스 스털링Bruce Sterling(과학소설 작가이자 지난 1년 동안 디자인 전시회의 게스트 큐레이터였던 인물)의 토론에 패널로 참석하기 위해 토리노를 방문했다.

토론이 시작되기 전 나는 전시회장을 거닐며 작품을 관람하고 있었다. 그때 스털링이 다가와 크리스 서그루Chris Sugrue의 작품을 꼭 봐야 한다고 추천했다. 나는 이미 그녀의 작품을 보고 온 터였다. 〈민감한 경계〉란 이름의 작품은 컴퓨터 화면에 세포 단위처럼 생긴 작은 생물체들이 무리를 지어 꿈틀거리는 모습을 담은 것이었다. 멋지긴 했지만 그다지 신선하지는 않았다.

하지만 스털링은 나를 서그루의 작품으로 끌고 가더니 내 손을 잡고 화면을 향해 뻗게 했다. 손이 화면에 닿자 작은 생물체들이 기어 나와 내 손으로, 팔로 올라오기 시작했다. 윽! 〈그림 2-1〉처럼 말이다.

크리스 서그루의 작품은 우리의 생각, 더 정확하게 말하면 개념적 모델의 허를 찔렀다. 우리는 컴퓨터 모니터에 뜬 이미지를 볼 때 그것이 모니터 안에만 있다고 생각한다. 따라서 화면 속에서 꿈틀거리는 생명체가 내 손 위로 올라올 거라는 생각은 하지 못했다. 그렇지만 기어 올라왔다. 스털링이 옳았다. 이것은 그야말로 대단한 개념 미술 작품이다.

나는 가만히 서서 다른 관객들이 그 작품을 즐기는 모습을 지켜

보았다. 어떤 사람은 생물체를 팔에서 털어내려 했고, 어떤 사람은 자신의 몸을 뒤덮도록 유인했다. 그 누구도 이 속임수를 가능케 한 TV 카메라나 프로젝터를 눈치 채지 못했다. 사실 이것은 작품 앞에 선 사람의 팔과 몸을 카메라가 찍어 그 이미지를 컴퓨터 프로그램으로

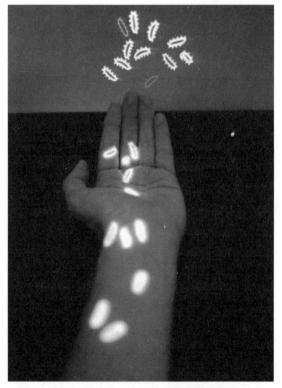

그림 2-1 크리스 서그루Chris Sugrue의 '민감한 경계'
손이 화면에 닿으면 화면 속의 생물체가 손과 팔을 따라 기어 올라간다. 서그루는 심리적 장난을 치는 것이다. 저자는 서그루가 대상을 받았던 이탈리아 토리노에서 열린 전시회에서 이 작품을 보았다. 사진은 그녀의 웹사이트에서 가져온 것이다.

보내는 것이다. 작품을 관람하는 사람은 생물체가 화면에서 나와 자신의 팔을 기어가는 것이라 여기지만, 이는 착각이다. 〈그림 2-1〉을 다시 살펴보라. 그림 위쪽은 수직으로 세워진 화면이다. 컴퓨터 프로그램은 카메라가 포착한 관객들의 움직임을 파악한 다음, 그들이 손을 뻗으면 꿈틀거리는 생물체 이미지를 다른 화면으로 이동시킨다. 하나의 컴퓨터에 두 개의 화면을 두고 상대의 움직임에 따라 이미지를 옮기는 것이다.

쉽게 말해 듀얼 모니터가 작동되는 컴퓨터를 떠올리면 된다. 나는 지금 이 글을 듀얼 모니터를 이용해 쓰는 중이다. 하나의 화면에서 글을 쓰고, 다른 화면에는 메모를 적어 놓는다. 이 둘 사이를 필요에 따라 왔다 갔다 하는 것이다.

개념적 모델

개념적 모델conceptual model이란 무엇이 어떻게 작동하는지에 대한 생각이 머릿속에 근본적으로 구조화된 것을 말한다. 컴퓨터 파일을 한 폴더에서 다른 폴더로 옮긴다고 해보자. 이때 우리는 소프트웨어 디자이너가 신중하게 우리의 머릿속에 각인시킨 개념적 모델을 활용한다.

사실 파일이나 폴더는 허구다. 컴퓨터 안에는 파일도, 폴더도 없다. 컴퓨터 시스템에 최적화된 편리한 방법을 이용해 메모리에 자료를 저장할 뿐이다. 심지어 정해진 장소에 저장하지도 않는다. 파일은 작은 조각으로 나누어져 하나하나의 조각이 자리가 남은 곳으로 들어간다. 다만 파일에는 특별한 지정자가 있어 조각의 끝에 다다르면 다음 것은 어디서 찾으면 되는지 컴퓨터에 알려준다. 이런 저장 기술의 복잡함을 '파일을 폴더에 넣는다', '파일을 정리한다'라는 단순한 개념으로 대체하는 것이다. 〈그림 2-2〉를 보면 컴퓨터 폴더의 구조를 개념적 모델로 단순화한 것을 살펴볼 수 있다.

컴퓨터는 다른 작동 방식도 이와 비슷하게 단순화시켰다. 우리가 컴퓨터에서 무언가를 삭제했을 때 그것이 진짜로 없어지지 않는 것이 대표적이다. 이 역시 컴퓨터의 저장 방식에 대한 정교한 개념적 모델의 일부로, 존재하지 않는 내용을 단순히 개념화한 것이다. 실제로 파일을 삭제한다는 것은 그 안에 담긴 정보가 시작되는 조각의 지정자가 제거됨을 뜻한다. 이때부터 컴퓨터는 이 파일이 없는 것처럼 행동한다.

마치 도서관의 도서 목록에서 제목을 지워 책을 '삭제'하는 것과 비슷하다. 목록에 찾고자 하는 책의 제목이 포함되어 있지 않으면 실제로 책꽂이에 책이 꽂혀 있어도 사용자는 그 책을 찾을 수 없다. 없는 것이나 마찬가지기 때문이다. 이 방법 외에도 전혀 분야가 다른, 엉뚱한 책꽂이에 두어서 책을 '삭제'할 수도 있다. 목록에 책이 있기는 하지만 새로 옮긴 장소를 알려주지 않는 것이다.

이미 삭제한 파일을 찾아내는 컴퓨터 전문가들은 디렉터리나 지정자를 무시하고 메모리에 담긴 모든 것을 세심하게 관찰해서 '삭제된 것처럼 보이는' 파일을 되살릴 수 있음을 알고 있다. 책을 찾아내

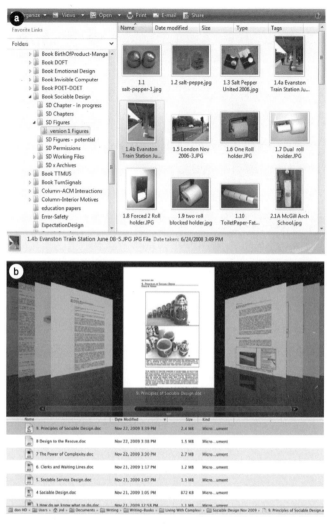

그림 2-2 컴퓨터 폴더의 구조 개념도

ⓐ는 Microsoft 운영 체제에서 묘사된 구조. 폴더가 왼쪽 열에 표시되고 오른쪽 창에 파일 이미지가 표시된다. ⓑ는 Apple의 폴더 구조. 하단에는 폴더가 있고 상단에는 파일의 이미지가 있다. 두 가지 경우 모두 저장된 정보를 탐색하기가 비교적 수월하다.

는 것과 같다. 하지만 이 방법은 수십, 수백만 권을 일일이 뒤져 원하는 책을 찾아내는 방법이라 효율적이지 않다. 따라서 사서들은 잘못 분류된 책을 영구히 없어진 것으로 간주한다. 반면, 컴퓨터 세계에서는 프로그램을 사용하면 아무리 많은 항목이라도 다 살펴볼 수 있다. 이 말은 누군가 고의로 항목을 지우더라도 그 자리에 남아 있기 때문에 원상복구가 가능하다는 뜻이다.

개념적 모델은 이미 우리의 머릿속에 자리잡고 있다. 때문에 사물이 실제로 어떠한 방식으로 작동하는지를 생각하는 인간의 사고 과정인 '멘탈 모델'이라고도 부른다. 개념적 모델은 물리적이고 복잡한 실제 상태를 머릿속에서 작업 가능하고 이해하기 쉬운 지적 개념으로 바꿔준다.

〈그림 2-3〉에 나온 물의 순환 과정은 복잡한 자연현상을 단순화시킨 개념적 모델의 효과가 얼마나 강력한지 잘 보여준다. 이처럼 개념적 모델은 복잡한 것을 정리하고 이해할 때 매우 중요하다. 사물의 작동 원리를 파악하고, 무언가 잘못되었을 때 어떻게 해야 할지도 알려준다. 하지만 규칙을 잘 몰라도 스포츠 경기를 볼 수 있는 것처럼 어떤 기기를 이해하지 못해도, 즉 좋은 개념적 모델이 없어도 안내를 따르거나, 다른 사람을 흉내 내거나, 표준화된 행동을 기억해서 작동시킬 수 있다. 그렇지만 새로운 것을 시도하려는 욕구나 무언가 잘못된 경우로 인해 낯선 상황에 처한다면 문제가 생긴다. 이럴 때 적용 가능한 적합한 개념적 모델이 없으면 정보가 한참 부족하다고 느낀다. 이런 상황에 부딪힌 사용자는 "이건 왜 이렇게 복잡하게 꼬인 거야?"라고 불평한다.

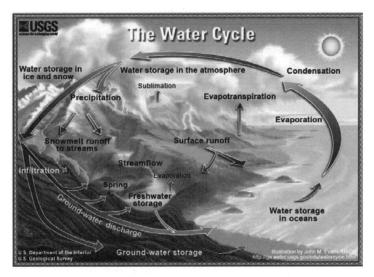

그림 2-3 물 순환의 개념적 모델

이 도표는 물이 증발, 증산 및 승화를 통해 대기로 유입된 다음 강수를 통해 되돌아오는 과정을 나타낸 개념도이다. 대부분의 개념도와 마찬가지로 단순화된 도표이지만 그럼에도 불구하고 유용한 교육용 모델이다.

디자이너의 역할은 사람들에게 알맞은 개념적 모델을 제공하는 것이다. 컴퓨터의 파일 구조가 그 좋은 예다. 사물의 요소들이 작동하는 모습을 보면서 우리는 그럴듯한 개념적 모델을 머릿속에 세울 수 있다. 그것이 아주 괜찮은 기계 장치를 만들어 내는 결과로 이어지기도 한다. 가상세계에서는 보이는 것이 없으므로 디자이너가 제공해주는 힌트와 정보에 의존해 일이 어떻게 돌아가는지 알 수밖에 없다. 사람들로만 구성된 서비스의 경우에도 잘 이해가 가지 않는 행정적인 규칙과 제약들로 인해 종종 당황한다. 이해가 가지 않으면 우리는 언제나 해답을 찾으려하고 무슨 일이 일어나고 있는지 알아내려고 한다. 이런 해답들은 우리의 개념적 모델로부터 나오는 것이다. 가끔은 새로운 경험을 통해 막 생성되는 개념적 모델로부터 답을 얻기도 한다. 그를 통해 우리는 다른 사람들의 반응을 살피고, 우리 스스로의 행동을 설명할 수도 있다. 이 개념적 모델은 특히 제품과 서비스와 관련하여 느끼는 부분에 가장 많이 적용 가능하다.

이름도 얼굴도 모르는 관료들이 소중한 하루를 망칠 수 있는 반면 친절한 상인과 판매원과의 기분 좋은 상호작용은 그것을 다 보상할 수 있다. 개념적 모델은 우리 생활 거의 전반에 다 적용할 수 있다. 복잡한 활동일수록 개념적 모델의 중요성 또한 더 해진다. 시스템이 잘 이해가 된다면 대부분의 사람은 그 시스템을 잘 다룰 수 있다.

여러 모로 보더라도 운전은 어렵고 복잡한 행위이다. 오늘날의 자동차에 적용되는 기술 대부분은 보통의 운전자가 다 다룰 수 없는 것들이다. 자동차의 작동은 점점 더 차량내부에 장착된 컴퓨터 칩에 의해 이루어진다. 컴퓨터 칩은 또한 수많은 컨트롤러와 다른 기능들, 다양한 센서의 반응에 연결되어 있다. 우리가 이런 복잡한 기계를 잘 다루는 이유는 이미 머릿속에 개념적 모델이 자리잡고 있기 때문이다. 운전이 자동화된 행위가 아님을 또한 주목하라. 대부분의 사람들은 책, 비디오, 강사 등을 통해 운전 교육을 받는다. 운전이 빠른 차량을 다루는 기술을 요하는 복잡한 행위이긴 해도 운전과 관련된 큰 틀의 문화적 규범과 법률 사항을 이해한다면 누구라도 숙달할 수 있는 것이다.

무언가를 간단하게, 아니면 복잡하게 만드는 것은 무엇인가? 그것을 결정짓는 것은 다이얼이나 컨트롤러의 개수, 또는 여러 가지 기

능이 아니다. 그 기기를 사용하는 사람들이 그것이 작동하는 원리에
대해 얼마나 올바르고 체계적인 개념적 모델을 가졌는지 여부에 달
린 것이다.

쉽고 그럴듯해 보이지만 잘못된 해결책

> 모든 문제에는 반드시 쉬운 해결책이 있다.
> 분명하고 그럴듯하지만 잘못된 해결책이.
>
> ― H. L. Mencken (1917)

우리의 삶은 너무 복잡하다. 우리가 사용하는 제품은 훨씬 더 복잡
하다. 이것은 전 세계적인 문제이다. '단순하게 만들어라'라는 해결책
은 분명하고 그럴듯해 보인다. 사람들은 "왜 제품은 자꾸 더 복잡해
지는 거야?"라고 외친다. 특히 최근에는 기술이 발달하면서 각종 제
품에서 핵심 기능 외에도 무수한 부가 기능에 휩싸인 사람들이 "우
리는 단순함을 원한다!"라고 외치기도 한다. 과연 이 말은 진심일까?
결코 아니다. 실제로 그들은 단순하게 만들어진 제품을 평가할 때면
소위 '핵심'기능이 없다고 불평한다. 그렇다면 사람들이 말하는 단순
함이란 어떤 의미일까? 좋아하는 기능은 모두 들어가 있으면서도 그
모두를 버튼 하나로 조작할 수 있는 것이 바로 그들이 생각하는 '단
순함'이다. 절대로 할 수 없는 일이다.

나는 단순함에 관한 첫 번째 책을 출간하면서 복잡함에 대해 혹평을 쏟아 부었다. 이전 제품에 새로운 기능을 더해 마치 전혀 다른 제품인 듯 마구잡이로 출시하는 '기능주의(내가 이름 붙였다)'라는 전염적인 현상을 비판적으로 보기 때문이다. 각 분야의 경쟁사들은 자신들의 제품이 더 낫다고 광고하기 위해 많은 기능을 덧붙였다. 그 결과 제품은 점점 복잡해졌다. 기능주의는 피해 갈 수도 없는 치명적인 병이다. 처음부터 다시 시작하는 것 말고는 약도 없고, 치료법도 없다. 그런데 이제 와서 나는 왜 단순함에 반대하는 걸까?

어느 날 내 친구가 나에게 은세공업자가 사용하는 망치에 대해 알려준 적이 있다. 나는 "은세공업자가 쓰는 플래니싱planishing 망치(다듬 망치) 중 복잡한 것이 있다면 내게 보여줘"라고 했다. 친구는 "복잡한 것? 제일 안 팔리는 망치를 보여주면 되겠군. 뭐 다른 공구도 마찬가지겠지만."이라고 말했다.

나는 내 친구가 핵심을 제대로 짚었다고 생각했다. 도구로 먹고 사는 장인들은 단순하게 설계된 도구를 쓴다. 이는 다른 전문적인 활동에서도 마찬가지다. 전문 목수가 쓰는 도구는 취미로 목공 일을 하는 사람이 쓰는 다용도 도구보다 훨씬 단순하다. 이처럼 전문 기술자들이 쓰는 도구는 단순한데 정작 일반 소비자 제품은 왜 그렇게 복잡한 걸까?

그런데 플래니싱 망치가 정말로 단순한 것일까? 사실 나는 이 도구에 대해 들어본 적도 없어서 사전을 찾아보았다. 그랬더니 '금속 표면을 강하고 매끈하게 다듬는데 쓰는 특수 망치' 라고 되어있다. 다음은 위키피디아에 나와 있는 설명이다.

금속의 형태를 잡을 때 표면이 움푹 패거나 반대로 오돌토돌 튀어나와 불규칙하게 되는 경우가 있다. 이 자국을 제거하려면 받침대처럼 생겨 사물의 형태를 잡아주는 플래니싱 망치 위에 금속을 올리고 평평하거나 약간 휘어진 망치로 두드려야 한다. 반복적으로 때리면 받침대의 기울기에 따라 금속이 매끈하게 펴진다. 플래니싱 망치는 금속의 바깥쪽 면과 접하기 때문에 보통은 끝이 둥글다.

음... 알면 알수록 복잡하다. 망치라는 도구는 단순한 것인데 그 용도는 그렇지 않다. '감이 안 온다'라고 표현할 수밖에 없을 것 같다. 이 망치의 사용법을 알려주는 책은 많지만 나에게는 어렵게만 들린다. 플래니싱 망치가 단순해 보이는 것은 외발자전거, 서핑보드, 스키가 단순해 보이는 것과 비슷하다. 모두 단순한 장치로 되어 있고, 한 번만 봐도 사용법을 유추할 수 있지만 제대로 터득하려면 엄청난 시간이 걸린다. 이런 것을 단순하다고 말할 수는 없다.

복잡함 보존의 법칙

써본 사람들마다 복잡하다고 혀를 내두르는 도구가 있을까? 사진 편집용 컴퓨터 앱이 바로 그것이다. 전문가용 레벨은 대체 무슨 말인지조차 모를 기능과 낯선 툴이 엄청나게 많다. 수많은 브러시, 펜, 레이

어링 도구 등이 바라보기만 하는 장식품처럼 빼곡히 나열되어 있다. 이 기능들을 설명하고 사용법을 알려주는 책도 무수히 쏟아져 나와 서점에 별도의 코너가 마련되어 있을 정도다. 심지어 1년짜리 사진 편집 프로그램 강의를 개설한 학교도 있다. 그 정도로 이 프로그램은 복잡하고 초보자에게는 너무 어렵다.

그렇다면 사진 편집 프로그램과 플래니싱 망치 중 어떤 것이 더 복잡할까? 당연히 망치보다는 프로그램이 더 복잡하다고 생각할 것이다. 하지만 〈그림 2-4〉를 보면 플래니싱 망치의 또 다른 세계를 확인할 수 있다. ⓐ는 내가 앞에서 설명한 플래니싱 망치다. 망치 하나만 보면 매우 단순해 보인다. ⓑ는 은세공인이 사용하는 플래니싱 망치들이다. 마지막 ⓒ는 은세공인의 작업대다. 어떤가. 여전히 단순해 보이는가?

사진 편집 프로그램과 비교해보면 ⓐ는 하나의 툴을, ⓑ는 기능을 모아놓은 툴박스를, ⓒ는 프로그램 자체라고 할 수 있다. 이렇게 생각하면 플래니싱 망치가 결코 간단한 물건이 아니라는 것을 알 수 있다. 오히려 세공인이 선택해야 하는 옵션이 사진 편집자가 선택하는 옵션보다 더 어마어마해 보인다. 우리는 도구 자체가 아니라 사진 편집자와 은세공인이 업무에 능숙해질 때까지 거쳐야 하는 수년간의 훈련 과정을 비교해야 한다.

초보 세공업자라면 도구들이 너무 많아, 어느 상황에 어떤 망치를 사용해야 하는지 잘 몰라 당혹스러울 것이다. 능숙한 장인이 그들의 작업에 이용하는 수많은 도구를 보면 진짜 복잡함은 작업 과정 그 자체에 있다는 것을 알 수 있다. 숙련된 세공업자라면 수많은 도

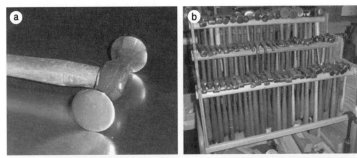

그림 2-4 제프리 허먼의 은세공 작업대와 도구들

ⓐ는 그의 플래니싱 망치, ⓑ는 그의 망치 컬렉션, ⓒ는 그의 작업대를 보여준다. 은세공업자는 이 모든 도구들 가운데에 둘러싸여 있을 때 각각의 망치를 언제 어떻게 사용하는지 어떻게 알 수 있을까?

구를 보유하고 있고, 각각의 도구를 적절하게 사용해 자신이 원하는 디자인을 뽑아낸다. 어떤 도구가 어떤 작업에 적합한지를 제대로 터득하려면 몇 년이 걸리기도 한다. 그러니 내가 플래니싱 망치의 용도를 아무리 잘 알고 있다고 해도, 직접 작업에 임하게 되면 제품을 개선하기보다는 망칠 확률이 높다. 전문 세공업자들에게는 친숙하고 정리정돈 되어 보이는 환경이겠지만 은세공술에 무지한 나는 〈그림 2-4〉를 보면 볼수록 너무 복잡해서 어쩔 줄을 모르겠다. 만일 은세공업자가 어떤 작업이든 하나의 망치만 사용해서 완료한다면, 이토록 복잡하게 느껴지진 않을 것이다. 보통 사람에겐 특수 목적으로 제작된 수많은 도구보다 조금 복잡하지만 다용도 도구 몇 개가 더 유용하다. 내가 여행을 준비할 때 스위스 칼을 꼭 챙기는 것과 같다. 하지만 전문가용 칼, 가위, 스크루 드라이버가 있는 집에서는 절대 스위스 칼을 사용하지 않는다.

어떤 것이 복잡한지를 결정하는 것은 그것을 사용하는 사람에 달려있다. 종종 미친 듯한 복잡함의 극단적인 예라고 생각하는 나의 워드 프로그램(MS 워드)조차 내 삶을 편하게 해 주는 도구다. '플래니싱'이라는 단어의 뜻을 찾기 위해 내가 한 일은 그 단어에 마우스 커서를 가져간 뒤 오른쪽 마우스 버튼을 클릭한 다음, '보기'를 클릭한 것이 전부다. 이 과정은 오른쪽을 클릭했을 때 나오는 메뉴(내가 선택할 수 있는 몇 가지 항목이 나온다)로 부드럽게 이어진다. 그러나 메뉴 자체만 보면 오른쪽 마우스 버튼을 눌렀을 때 나오는 메뉴는 내가 그 시점에 어떤 과제를 하는지에 따라 달라지기 때문에 기본적으로는 복잡하다. 이는 단순함의 역설을 보여준다. 우리 삶을 편하게 만들기 위해서는 필연적으로 더욱 강력하고 복잡한 도구가 필요하다.

복잡함은 길들일 수 있지만, 여기에는 상당한 노력이 필요하다. 단순히 버튼이나 디스플레이의 수를 줄이는 것은 답이 될 수 없다. 훌륭한 해결책은 전체 시스템을 이해하고, 조각 하나하나가 잘 맞물리도록 제품 기획과 디자인을 잘해서 사용자가 처음 배우거나 사용하는 시점에 최적의 상태를 제공하는 것이다.

애플의 부회장이 된 래리 테슬러Larry Tesler는 몇 해 전 "시스템에서 전체적인 복잡성의 합은 항상 일정하다."라고 주장했다. 사용자의 이용이 단순해지면 나머지 부분이 복잡해진다는 말이다. 즉, 무엇인가를 쉽게 이용한다는 것은 설계자가 이면에서 고려한 복잡한 사항들이 매우 많다는 것이기 때문에 전체적으로는 서로가 상쇄된다는 의미다. 이 주장은 오늘날 '테슬러의 복잡함 보존 법칙'으로 알려졌다. 테슬러도 여기에서 '트레이드오프'라는 단어를 사용했다. 디자인 역시 사용자가 쉽게 이용하는 데 집중할수록 디자이너나 엔지니어의 작업은 그만큼 더 복잡해진다.

테슬러는 2007년 인터랙션 디자인의 권위자인 댄 새퍼Dan Saffer와의 인터뷰에서 다음과 같이 말했다.

"모든 프로그램에는 더 이상 줄일 수 없는 복잡한 정도, 즉 복잡함의 하한선이 있다. 이때 던져야 할 질문은 이 복잡함을 누가 감당하느냐는 것이다. 사용자인가, 아니면 개발자인가?"

기술 분야에서 사용 방식을 단순화하면 내부 시스템의 복잡함은 증가한다. 자동차의 자동변속기를 보자. 이는 기계식 기어, 유압유, 전자 컨트롤, 센서가 복잡하게 결합된 결과물이다. 운전자가 조작할 것이 적어질수록 기계 내부는 복잡해진다. 따라서 단순함은 항상 다양한 관점에서 측정해야 한다. 표면적으로 간단해 보이는 것도 내부는 상당히 복잡할 수 있다. 반대로 내부가 간단하면 외부는 상당히 복잡해진다. 자, 이제 우리는 누구의 관점에서 단순함을 측정해야 할까?

왜 더 적은 수의 버튼이 제품을 더 조작하기 어렵게 만드는가

버튼이 몇 개 없는 심플한 디자인의 TV 리모컨이 100개가 넘는 버튼이 달린 리모컨보다 보기에는 더 좋아 보일 수 있다. 하지만 특수기능 버튼이 없어서 원하는 채널을 보기 위해 계속해서 채널 버튼을 눌러야 한다면 어떨까? 보기에는 복잡해 보여도 각각의 버튼이 고유한 한 가지 기능을 담당한다면 초보자라도 적합한 버튼을 찾아 한 번에 원하는 결과를 얻을 수 있다. 많은 디자이너들이 '심플함'과 '단순한 외관'을 동일시한다. 하지만 디자인이 간단하다고 사용까지 쉬운 것은 아니다.

외관상의 단순함은 사용의 단순함, 작동의 단순함과는 전혀 다르다. 단순한 외양은 눈으로 확인 가능한 조작 툴과 디스플레이의 수가 적다는 것뿐이다. 눈에 보이는 다른 대안들이 늘어날수록 단순함의 정도는 떨어질 수밖에 없다. 문제는 조작과 디스플레이가 많아질수록 작동이 사실상 더 편하다는 것이다. 처음에는 복잡하고 어려워

보이는 요소들이 실제로는 기기를 작동하는 것을 쉽게 만들어준다. 이러한 역설은 기획과 디자인 과정에서 풀어야 할 숙제다.

단순함은 어떤 것을 얼마나 이해하고 있느냐 하는 이해의 정도와 밀접히 관련되어 있는 심리 상태라고 할 수 있다. 어떤 제품의 기능이나 옵션, 그리고 외형이 일반적인 사람들의 개념적 모델과 맞아떨어질 때, 그것은 단순하게 느껴진다. 그 결과, 조작해야 할 것이 아무리 많아지더라도 기능마다 각각 하나의 전용 버튼이 있다면 작동이 최적화되어 단순한 제품이라고 인지할 것이다. 전용 버튼이 있다면, 각각의 기능이 어떻게 작동하는지 이해하기 쉽기 때문이다. 하지만 너무 단순해서 제품의 기능 자체를 알 수 없거나 상황에 따라 의미나 작동 방식도 함께 달라지면, 복잡함을 넘어 혼잡스럽다는 느낌마저 갖게 된다.

그래픽 유저 인터페이스 초창기, 마우스에 적합한 버튼이 몇 개인가를 두고 격론이 벌어졌다. 애플은 외관상의 단순함이 더 중요하다고 생각해 버튼을 딱 하나만 넣었다. 한때 나는 왜 애플이 단일 버튼을 선택했는지 알아내려고 노력했다. 이 결정에 참여한 사람들은 컴퓨터 초보 사용자들이 마우스에 버튼이 여러 개 있는 것을 혼란스러워 하더라고 말했다. "버튼을 두 개로 줄이자 사람들은 오히려 더 헷갈려 했다. 이는 버튼 세 개보다 못한 결과다." 동시에 경험이 풍부한 사용자는 버튼이 많은 마우스를 선호한다는 연구 결과도 알려줬다. 애플은 경험 없는 사용자를 먼저 생각하기로 결정했다. 결국 버튼 하나짜리 마우스를 표준으로 정했다.

애플의 선택은 옳은 것이었을까? 나는 이 결정이 현명하다는 것을 어렴풋이 깨달았다. 이를 이해하려면 당시의 대중이 마우스로 작동하는 컴퓨터를 경험해보지 않았다는 사실을 알아야 한다. 그때까지 마우스 중심의 컴퓨터를 판매하려는 두 번의 시도[제록스 스타 Xerox Star와 애플 리사Apple Lisa]는 모두 실패로 끝났다. 따라서 애플은 아주 신중했다. 하지만 현실은 버튼 하나로 충분하지 않았다. 사실 애플에는 언제나 두 번째 버튼이 존재했다. 단지 마우스가 아니라 키보드에 있을 뿐이었다. 사용자들은 여러 방식으로 마우스를 작동할 때 '애플 키Apple key'를 함께 이용해야 한다.

왼쪽, 오른쪽으로 버튼이 두 개 있는 마우스와, 버튼 하나는 마우스에, 다른 하나는 키보드에 있는 마우스. 어떤 것이 더 간단하게 느껴지는가? 이상하게 들리겠지만 나는 사용 편의 차원에서 마우스와 키보드의 조합이 버튼이 두 개 있는 마우스보다 더 쉽다고 생각한다. 왜냐고? 왼쪽과 오른쪽이란 늘 헷갈리기 마련이니까.

이에 관한 심리 연구는 너무나 많다. 누구나 위아래는 쉽게 구분한다. 하지만 어린이들은 왼쪽과 오른쪽의 구분을 어려워한다. 이것은 성인이 되어서도 계속되기도 한다. 인간의 실수에 대한 역사를 살펴봐도 위아래의 실수는 거의 일어나지 않았지만, 왼쪽과 오른쪽의 혼동은 꽤 많았다. 하지만 키보드에 있는 버튼과 마우스 버튼은 혼동할 일이 없다. 물론 버튼이 두 개 있는 마우스라도 충분한 연습으로 왼쪽과 오른쪽의 차이를 잘 구분하면 훨씬 쉽고 빠르게 사용할 수 있다. 하지만 마우스 컴퓨터 초창기에는 무엇보다 초보 사용자들이 마우스에 최대한 빨리 익숙해질 필요가 있었다.

나는 애플에서 근무할 때 마우스의 버튼을 두 개로 바꾸려고 시도했다. 이제 모든 사람들이 마우스에 익숙해졌을 테니 더 이상 어려워하지 않을 것이라고 주장했다. 마이크로소프트는 오른쪽 버튼으로 상황 정보(메뉴와 도움말)를 제공함으로써 버튼 하나가 더 있는 마우스의 가치를 입증했다. 어느새 애플을 제외한 거의 모든 마우스가 두 개의 버튼을 사용하게 됐다. 하지만 단일 버튼 사용은 애플이라는 브랜드의 상징이었기 때문에 나의 노력은 수포로 돌아갔다. 최근에는 애플도 여러 개의 버튼으로 된 마우스를 출시했다.

과연 단일 버튼으로 된 마우스가 여러 개의 버튼으로 된 마우스보다 덜 복잡한가? 다시 말하지만 이것은 누구의 관점에서 보느냐에 따라 달라진다.

단순하다고 기능이 적은 것은 아니다

물론 단순함 자체가 최선이라고 말하는 것은 아니다. 과학계에서 복잡함에 관한 가장 유명한 말 두 가지가 있는데, 하나는 '오컴의 면도날Ockham's Razor'이고 또 하나는 '아인슈타인의 진술'이다. 오컴의 면도날은 14세기 프란체스코 수도사인 오컴 윌리엄William of Ockham의 글에서 나온 것으로 "다른 조건이 모두 동등하다면, 더 간단한 것을 택하라."라는 말이다(그가 실제로 한 말은 "존재는 필요 이상으로 수를 늘리면 안 된다"이다). 20세기 가장 유명한 물리학자인 알베르트 아인슈타인Albert Einstein은 "최대한 간단하게 만들되, 중요한 것은 놓치면 안 된다"라고 했다. 그가 했던 말의 전문은 이렇다. '과학의 가장 위대한 목표는 가장 적은 수의 가설이나 원칙에서 논리적으로 추론하여 최대한 경험적 사실을 포괄하는 것이다.'

이 두 가지 진술은 쉽게 말하면 '간단할수록 좋다.'라는 뜻으로 해석된다. 하지만 많은 사람들이 '다른 조건이 모두 같다면'이라는 전제가 있다는 것을 잊는다. 아인슈타인의 말에서도 '중요한 것은 놓치면 안 된다.'는 핵심 문구는 빼고 생각한다. 단순함을 추구하는 많은 사람들이 이 두 가지 전제를 잊는다는 것은 매우 안타까운 일이다.

우리가 사는 세상에서는 복잡함을 피할 수 없다. 그렇다고 복잡함을 혼란함으로 나타낼 필요는 없다. 좋은 디자인은 복잡함을 길들일 수 있다. 그럼에도 우리는 왜 단순함을 부르짖는가? 아마 삶의 혼란에 대한 순수한 반작용일 것이다. 하지만 의도가 그럴듯하다고 해도 단순함만을 해결책으로 내놓는 것은 큰 실수다.

누구나 단순함을 원한다. 하지만 핵심은 놓치고 있다. 단순함 자체가 목표일 수 없다. 기술이 지닌 유용성과 유연함을 포기하고 싶은 사람은 없다. 주차장 문을 열어주는 하나의 버튼은 간단할지 모르지만 그것 말고는 할 수 있는 일이 없다. 휴대폰에 버튼이 하나만 있다면 틀림없이 단순해 보이겠지만 아마 전원을 켜고 끄는 것 외에는 하지 못할 것이다. 전원버튼으로 전화를 걸 수는 없다. 건반이 88개, 페달이 3개나 있는 피아노가 너무 복잡한가? 사실 음악에서 그 건반을 다 사용하는 경우는 드물다. 그렇다고 해서 건반과 페달의 수를 줄여야 할까? 이처럼 단순함을 맹목적으로 추구하면 핵심을 빗겨 나가게 된다.

상점에서 고객들을 관찰하다 보면 단순함이 언제나 승리하는 것은 아니라는 것을 알 수 있다. 실제로 사람들은 같은 제품이라면 최대한 많은 기능을 원하기 때문이다. 그럼에도 불구하고 동시에 단순함을 원하는 그들의 요구를 어떻게 해석해야 할까? 사용자는 자신들이 원하는 모든 과제를 처리해낼 강력한 기기를 원한다. 그러면서도 사용하기 쉬워야 한다. 그래서 추가 기능이 많이 붙은 기기를 사면서 단순함을 부르짖는다. 기능과 단순함, 이 둘은 왜 그렇게 상충하는 걸까?

여기에는 다음과 같은 암묵적인 전제가 깔려 있다. '더 많은 기능은 곧 향상된 성능이며, 더 단순한 디자인은 곧 높은 사용성이다.' 이 두 개의 진술은 간단한 논리로 바꿀 수 있다. 모든 사람은 향상된 성능을 원한다. 그러므로 더 많은 기능을 원한다. 모든 사람은 쉬운 사용을 원한다. 그러므로 단순한 디자인을 원한다.

아아, 슬프게도 이는 잘못된 논리다. 나는 기능과 단순함에 대한 모든 주장이 우리를 잘못된 방향으로 이끌었다고 결론 내리고 싶다. 사람들이 향상된 성능과 쉬운 사용을 갈구한다고 해서 더 많은 기능이나 단순한 디자인을 원하는 것은 아니다. 사람들이 원하는 것은 사용이 쉬운 기기, 즉 이해하기 쉬운 제품이다. 인간 중심 디자인의 핵심은 복잡함을 길들이는 것이다. 복잡해 보이는 도구를 이해하기 쉽도록 디자인하면, 사용이 쉬워지고 최적화된 작업을 할 수 있다. 이 일련의 과정이 제품을 이용하는 시간을 즐겁게 바꿔주는 것이다.

어떤 사람은 내가 복잡함에 대한 글을 쓰고 있다고 말하면 단순함과 복잡함이 트레이드오프 된다는 사실이 잘 알려지지 않았냐고 묻는다. 사실 트레이드오프는 잘못된 생각이다. 전제가 잘못되었기 때문이다. 앞에서 말한 것처럼 단순함은 복잡함의 반대가 아니다. 복잡함은 세상의 모습이고, 단순함은 마음의 상태다. 트레이드오프라는 말에는 '단순함이 목표이며, 단순함을 달성하려면 무언가를 포기해야 한다.'는 두 가지 전제가 깔려 있다.

트레이드오프는 흔히 말하는 '제로섬 게임'과도 같다. 따라서 더 단순해지려면 복잡함을 제거해야 한다. 하지만 제품을 이해하는 데 필수적인 본질적인 복잡함은 포기하면 안 된다. 때로는 복잡함도 필요하다. 우리의 과제는 복잡함이 혼란스러움이 되지 않도록 복잡함을 다스리는 것이다.

사람을 닮은 기능

나는 낯선 나라를 방문할 때면 현지인들이 주로 찾는 가게나 시장에서 시간을 보내는 것을 좋아한다. 그 지역의 문화를 이보다 더 잘 알수 있는 방법이 있을까?

처음 한국에 갔을 때도 사람들에게 시장이나 마트, 그리고 백화점에 데려다 달라고 부탁했다. 나는 백화점에서 '백색 가전'이라 불리는 냉장고와 세탁기를 발견했다. 그곳에는 LG나 삼성과 같은 한국 제품은 물론이고, GE, 브라운, 필립스와 같은 수입품도 진열되어 있었다. 기능이나 가격은 비슷했지만 한국 제품이 수입 제품보다 하나같이 더 복잡해 보였다. 안내해 준 사람들에게 그 이유를 물었더니. "한국 사람들은 복잡하게 보이는 것을 좋아해요. 그래야 뭔가 있어 보이거든요."라고 대답했다.

미국과 유럽에서도 동일한 현상을 발견했다. 요리도 별로 하지 않는 사람이 스테인리스로 된 값비싼 오븐을 주방에 설치한다. 최첨단 기능이 장착된 세탁기를 구입한 어떤 사람은 솔직히 작동시킬 줄도 모른다고 고백했다.

전에는 아주 간단했던 가전제품이 지금은 매우 복잡해졌다. 토스터나 냉장고, 커피 메이커에도 조작 버튼, LCD 디스플레이 및 여러 개의 옵션이 추가되었다. 한때 토스터에는 온도를 조절하는 스위치만 있었다. 그게 다였다. 손잡이로 빵을 내리고 작동만 시키면 됐다. 이때는 토스터가 비싸지 않았다. 하지만 요즘에는 토스터도 꽤 비싸다. 유명 디자이너나 디자인 회사의 이름을 달고 나와 얼마나 복잡하게 작동시킬 수 있는지를 뽐낸다. 수수께끼 같은 아이콘, 그래프, 숫자가 나타나는 LCD 창도 있다.

자동차 역시 복잡하다. 예전에는 핸들로 방향만 조정했고, 백미러는 거울 역할만 했다. 오늘날의 핸들은 상당히 복잡하다. 볼륨 조절 버튼, 주행 조절 버튼, 그리고 헤드라이트나 와이퍼를 조절하는 몇 개의 막대기까지 생겼다. 게다가 백미러에도 여러 가지 조절 버튼과 디스플레이가 들어간다.

왜 사람들은 작동에 아무 문제가 없는 간단하고 저렴한 토스터 대신 복잡한 데다 비싸기까지 한 토스터를 사는 걸까? 핸들과 백미러에는 왜 그렇게 많은 버튼과 조절 기능이 들어갈까? 우리가 이 모든 기능을 원한다고 믿기 때문이다. 결국 구매를 결정하는 순간, 가장 중요하게 영향을 미치는 것은 '기능'이다. 기기를 이용하는 사람들을 혼동시킬 수 있는 기능은 고의적으로 넣은 것이 아니다. 사람들이 원하기 때문에 넣은 것이다. 소위 말하는 '단순한 것이 좋아!'는 이전에는 존재했을지 몰라도 지금은 지나가 버린 신화다.

간단히 말해서 사람들은 더 많은 기능이 있는 물건을 산다. 기능이 단순함을 누른 것이다. 실제로는 다 쓰지도 않는 기능 때문에 더 복잡해진다는 걸 알아도 상관없다. 분명히 당신도 그럴 것이다. 기능별로 나란히 두 제품을 비교한 후, 다양한 작동이 가능한 제품을 좋아하지 않는가? 당신도 별 다르지 않다. 더 복잡하고 비싼 토스터? 그게 더 잘 팔린다.

나를 더욱 당황하게 하는 것이 있다. 수동으로 일일이 작동시켜야 하는 까다롭고 복잡한 제품을 자동화시키는 데 성공했다면, 그 제품은 당연히 더 단순해야 한다. 그런데 결과물은 내 생각과 전혀 달랐다. 하나의 사례를 들어보자.

지멘스Siemens에서 새로운 세탁기를 개발했다. 웹사이트의 설명서에는 이렇게 적혀있다. '드럼통에 빨래가 얼마나 들어 있는지, 옷이 어떤 섬유로 되어 있는지, 얼마나 더러운지를 인식하는 스마트 센서가 장착되어 있습니다. 사용자는 온수와 색깔 있는 옷 세탁 또는 간편 세탁 두 개 중 하나만 선택하면 됩니다. 그러면 나머지는 세탁기가 알아서 해줍니다.'

나는 설명서를 보고 '우와, 세탁이 다 자동으로 되니 온수와 색깔 세탁이나 간편 세탁 중 하나를 선택하는 버튼과 시작 버튼, 이렇게 두 개만 조작하면 되겠군.'이라고 생각했다. 하지만 내 예상은 보기 좋게 빗나갔다. 세탁기에는 자동화되지 않은 기계보다 훨씬 많은 버튼이 있었다. 나는 지멘스에서 일하는 친구에게 "한두 개의 버튼만 만들어도 되는데 왜 다른 세탁기보다 버튼이 더 많은 거지?"라고 물었다.

친구는 "너도 적을수록 더 좋다고 생각해? 직접 조작하는 건 싫어해?"라면서 "세탁기를 직접 작동시키고 싶지 않아?"라고 되물었다. 이상한 대답이다. 자동화를 신뢰할 수 없다면 왜 자동화시킨 걸까? 그런데 곰곰이 생각해보니 친구 말이 맞았다. 나 역시 '적을수록 좋은 것'이라고 생각하는 특이한 사람이었던 것이다.

지멘스의 마케팅은 성공적이었다. 하지만 나는 과연 그 방식이 옳은 것인지 의심했다. 당신이라면 조작을 적게 하는 세탁기에 더 많은 돈을 지불하겠는가? 대충 생각하면 그럴 수도 있다. 그러나 매장에서는 그렇지 않을 확률이 높다. 소비자들은 그 많은 기능을 다 쓰지 못한다는 사실을 알면서도 어떤 기능이 있는지 일일이 따진 후 구매를 결정한다. 마케팅 전문가들은 이 사실을 너무 잘 알고 있다. 마케팅을 무시하는 기업이 시장에서 도태되는 것이 이치다.

'조작을 적게 하는 세탁기에 더 많은 돈을 지불한다.' 이 문장을 다시 한 번 살펴보자. 이 글의 초안은 「인터랙션」이라는 휴먼 컴퓨터 인터랙션(HCI) 분야의 전문가를 위한 학술지에 처음 발표됐다. 편집자는 '많은 돈' 부분을 빨간 줄로 체크하고 그 옆에 '적은 돈 아닌가요?'라고 써넣었다. 핵심을 정확히 간파한 것이다. 만약 회사에서 많은 돈을 투자한 끝에 자동화에 성공해서, 오직 온·오프 스위치만 필요한 기기를 만들었다면 사람들은 아무도 사지 않을 것이다. "왜 강력하고 기능이 다양한 제품보다 이런 단순한 기계가 더 비싼 거야?"라며 불평할지 모른다. 그러고는 "그 회사는 무슨 생각을 하는 거지? 나는 추가 기능이 잔뜩 들어간 저렴한 제품을 살 거야. 그게 더 좋은 거 아닌가? 돈도 절약하고 말이야."라고 말할 것이다. 정확히 맞다. 사용자들은 단순함을 원한다. 하지만 동시에 그 많은 멋진 기능을 포기하고 싶어 하지도 않는다.

〈그림 2-5〉는 내가 홍콩에 가서 찍은 사진이다. 첫눈에도 혼잡하다. 그러나 곧 눈에 들어온다. 처음부터 모든 걸 다 알 필요는 없다. 〈그림 2-6〉은 전등 스위치 패널이다. 전혀 복잡하지 않은 단순한 형태다. 그런데 막상 쓰려면 복잡하다. 단순함이 꼭 정답은 아닌 것이다.

문화마다 선호하는 외양이 다르다. 어떤 문화권에서는 단순하고 깔끔한 모습을 좋아한다. 서구의 디자이너들은 깔끔하며 여백이 있는 디자인을 선호하는 편이다. 동양의 디자인은 그와는 대조적으로 빈 공간 없이 가득 차 있고 조금은 혼란스러운 느낌이다. 활기찬 아시아의 도시를 생각해보라. 공중에 걸린 수십 개의 간판, 호객 행위를 하는 노점상, 거리 이곳저곳, 또는 차에 매달린 확성기를 통해 신경을 울릴 정도로 시끄러운 정치적 발언... 이곳의 간판은 정보로 가득하다. 공간에 조금의 여유도 허용하지 않고 빼곡하게 이미지를 채운다.

반면 일본은 단순한 선과 요소로 구성된 세련된 예술과 정원으로 유명하다. 잘 고른 모래, 섬세하게 위치한 바위, 정성껏 가지 친 나무. 하지만 정원의 고요함에서 벗어나면 거리의 모습이 온 신경을 뒤덮는다. 현란한 네온사인, 화려한 소프트웨어, 조금의 공간만 있어도

그림 2-5 복잡한, 그러나 이해할 수 있는 것

도시는 복잡하지만 이해할 수 있다. 이 사진은 홍콩에서 찍었지만, 전 세계의 어떤 대도시에서도 비슷하거나 더 복잡한 장면을 발견할 수 있다.

그림 2-6 심플한 전등 스위치 패널

각 스위치가 어떤 전등의 스위치인지 모두 기억할 수 있는 사람이 있을까?

상반되는 색상과 움직이는 이미지로 가득 찬 인터넷 사이트⋯. 많은 면에서 아시아에서 선호하는 디자인은 서구에서 선호하는 디자인 규범을 벗어난다.

디자이너들의 시각적 선호도는 문화에 따라 차이가 있다는 것을 존중해야 한다. 여백 있고 깨끗한 디자인이 미적으로는 좋을지도 모른다. 하지만 많은 선택지와 옵션이 눈에 보이는 북적북적하고 복잡한 디자인보다 사용하기엔 더 어려울 수 있다.

겉으로 보이는 복잡함은 문화뿐만 아니라 경험에 따라서도 다르다. 심리학자들은 오랫동안 사람들의 미적 선호도에 대해 연구했다. 여기서 사람들이 선호하는 복잡함에도 정도가 있다는 것을 발견했다. 너무 단순하면 금세 흥미를 잃고 지루함을 느끼며, 반대로 너무 복잡하면 혼란스럽고 짜증이 난다는 것이다. 결국 사람들은 중간 수준의 적당한 복잡함을 원한다. 그러나 이 '적당함'도 지식이나 경험에 따라 선호하는 수준이 다르다. 사용자가 누구냐에 따라 복잡한 것도 쉽게 사용할 수도 있고, 간단한 것도 어떻게 사용해야 하는지 혼란스러울 수 있다. 우리는 때로는 복잡한 것을, 때로는 단순한 것을 선호한다. 기술을 길들이는 것은 물리적인 문제가 아닌 심리적인 문제다.

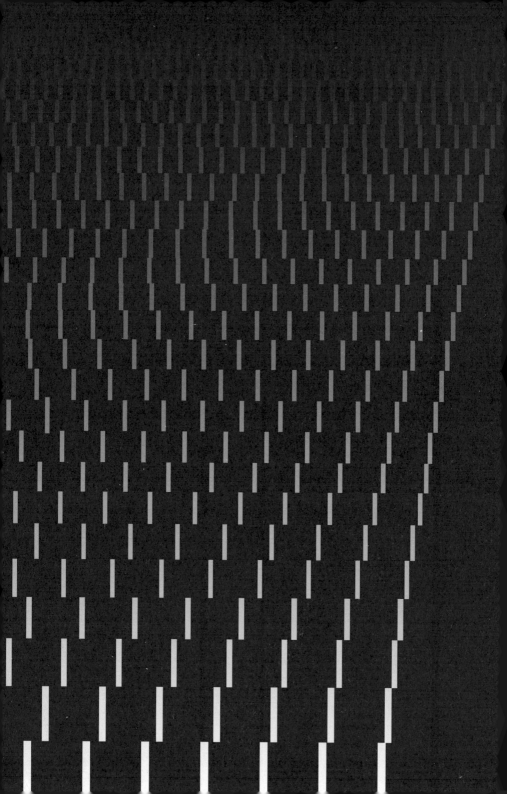

3장

단순함은 어떻게 삶을 혼란스럽게 하는가

단순함도 모이면 혼란스럽다

복잡한 것들이 꼭 혼란스러운 것은 아닌 것처럼 혼란스럽다고 꼭 복잡한 것도 아니다. 단순한 디자인도 얼마든지 우리를 헷갈리게 할 수 있다. 문, 전등 스위치, 가스레인지. 이들 중 이해하기 어려운 것은 아무것도 없다. 하지만 각각의 작동 방식은 다르다. 새로운 작동 방식을 익히는 것은 귀찮기도 하고 가끔은 짜증도 난다. 작동 방식이 하나일 때 그 단순함은 우리에게 간편함과 쾌적함을 준다. 그런데 작동 방식이 제각각인 것들이 여럿 모이면 결과는 어떻게 될까? 복잡해진다.

〈그림 3-1〉의 잠금장치와 열쇠를 보라. 문 잠그는 것이 왜 이렇게 어려워야 하는가? 한쪽으로 돌리면 닫히고, 반대로 돌렸을 때 열리면 그만이다. 열쇠도 마찬가지다. 넣고 돌리면 된다. 이 세상에 손잡이 모양이 하나고, 잠그는 방식도 하나라면 혼란스러울 이유가 없다. 문제는 수많은 손잡이와 열쇠들이 있어 제각각의 방식으로 다뤄야 한다는 것이다. 어떤 손잡이는 닫을 때 시계 방향으로 돌려야 하고, 어떤 것은 시계 반대 방향으로 돌려야 한다. 손잡이마다 어떤 방향을 돌려야 하는지 모두 기억할 수 있을까? 나는 시각적인 안내 없이는 기억하지 못한다. 〈그림 3-1〉에 나오는 문에는 각기 어떻게 열어야 하는지 도움을 주는 표시가 있다. 어떤 도구에 별도의 신호나 문구가 붙어 있다면 그 디자인은 나쁘다는 뜻이다. 간단한 잠금 장치에 안내문은 필요 없다. 더 심각한 것은 그것을 사용하는 사람이 직접 붙여야 하는 경우다. 아무리 작동법이 간단해도 통일성이나 원칙이 없다면 충분히 혼란스러울 수 있다. 복잡함은 우리가 매일 너무 많은 것

그림 3-1

아무리 단순한 것도 그 수가 많아지면 복잡해진다. 각각의 역할이 다를 때는 더욱 복잡하다. 라벨이 필요한 곳은 복잡함이 있다는 것을 말한다. 어느 자물쇠든 단순한 원리로 작동한다. 그러나 각각의 문이 다르기 때문에 모든 문을 사용하는 방법을 기억하기란 쉽지 않다. 이에 어떻게 대처할 수 있을까? 우리는 단어, 점, 화살표와 그림 같은 표시를 통해 사물에 대한 정보를 표기한다.

과 부딪치기 때문에 생긴다.

우리의 일상생활은 복잡하다. 이는 우리에게 주어진 하나의 활동이 복잡해서가 아니라, 겉으로는 간단해 보이지만 실제로는 제각각인 작업을 요구하는 활동이 너무 많아서다. 간단해 보이는 일 여러 개를 모아 모두 더해보라. 복잡하고 혼란스러워진다. 전체는 부분의 합보다 훨씬 크기 마련이다. 이 열쇠는 시계 방향인가, 시계 반대 방향인가? 주유 탱크는 오른쪽인가, 왼쪽인가? 리모컨의 어떤 버튼이 소리이고, 어떤 것이 채널인가? 이런 자잘한 항목들조차 한 데 모이면 혼란을 부르는 스트레스의 원인이 된다.

비밀번호를 생각해보자. 대부분의 사람들은 자신, 배우자, 또는 애완동물의 이름처럼 기억하기 쉬운 번호를 원한다. 하지만 보안 전문 시스템은 우리가 원하는 비밀번호를 승인해주지 않는다. 'password', 숫자를 덧붙여야 한다면 약간 변형한 'password1', 다른 흔한 것으로 '123456', 'jesus', 'love'와 같은 것을 가장 많이 사용하기 때문이다. 이런 비밀번호는 해커들의 좋은 먹잇감이 되기 때문에 보안 전문가들은 결사코 반대한다. 실제 한 소셜 네트워크에서 신상정보와 동일한 비밀번호를 사용한 많은 사람들의 정보가 몇 분 만에 해킹당한 적이 있다.

이러한 사건들 때문에 전문가들은 비밀번호 작성할 때 지켜야 하는 몇 가지 조건을 달았다. 길어야 하고, 문자와 숫자를 함께 사용해야 하며, 대문자와 소문자를 조합하고, 때로는 특수 기호까지 추가해야 한다. 또한 주기적으로 교체해야 하며 이전에 사용한 것은 다시 사용할 수 없다. 그 나라 언어에 속하는 짧은 단어도 안 된다. 의도도 좋고 수긍할 만하다. 하지만 이 때문에 '비밀번호를 선택하고 기억한다.'는 간단한 행위가 복잡한 활동으로 바뀌었다. 더구나 우리는 각기 다른 조합의 수많은 비밀번호를 사용하고 있어 복잡함은 한층 더 증가했다.

사람들은 복잡한 비밀번호를 사용하기 위해서 편리한 대처방안을 생각해냈는데 은밀한(가령 키보드 아래 같은) 곳에 비밀번호를 적어 숨겨놓는 것이 그것이다. 사무실을 둘러보면 놀랍게도 많은 사람들이 모니터 앞에 비밀번호를 적어 붙여둔 것을 볼 수 있다. 나와 아내는 인터넷을 사용할 때 필요한 모든 비밀번호와 보안 코드를 적어 파일로 만들었다. 그 파일은 이제 작은 폰트로 19페이지나 된다. 단어 수만 해도 무려 5,000개나 된다! 물론 우리는 이 파일을 암호화해서 누군가 이 파일을 열더라도 읽을 수 없게 했다. 그 덕분에 외워야 할 비밀번호가 하나 더 늘었지만. 비밀번호 파일을 위한 비밀번호. 이런 상황을 이용해 돈을 버는 회사도 있다. 이들은 수많은 비밀번호를 관리하는 프로그램을 판매한다. 자주 사용하는 프로그램에서 이름, 주소, 신용카드 번호, 그리고 로그인 아이디와 비밀번호까지 자동으로 입력해주는 서비스를 제공해 우리의 삶을 편하게 해준다. 다만 이 컴퓨터의 공인된 사용자뿐만 아니라, 이 컴퓨터를 사용하는 모든 사람들에게 적용된다는 점이 양날의 칼일 수 있다.

이 외에도 많은 사람들이 여러 곳에 비밀번호를 동일하게 사용함으로써 복잡함을 해결한다. 물론 이것도 보안 규칙에 어긋난다. 하지만 많은 보안 전문가들마저 사실은 자신도 그렇게 한다고 고백했다. 비밀번호를 기억하기 쉽게 만드는 사람도 많다. 주기적으로 변경하지도 않고, 〈그림 3-2〉의 ⓐ, ⓑ처럼 쉽게 찾을 수 있는 곳에 붙여 놓기도 한다. 마치 집 열쇠를 현관 매트 아래 숨기는 것 같다. 비밀번호를 아무도 모르게 하려다 머릿속이 너무 복잡해진 우리는 아이러니하게도 결국 더 많은 사람을 향해 공개해버린다.

그림 3-2 비밀번호에 대처하기

ⓐ에서는 키보드 상단과 화면 하단 사이에 "User Name askaggs Password 960chdAS" 라고 적힌 종이가 있다. ⓑ 속 모니터에 붙은 종이에는 "THE PASSWORD IS CHAIR"라고 적혀 있다(이곳은 가구 제조사였다). ⓒ는 카드가 있는 사람만 액세스 할 수 있는 보안 문이다. 그러나 사무실을 드나드는 사람들이 편의상 휴지통을 문에 받혀놓아 아예 열어 두었다. 까다로운 보안 요구 사항이 오히려 더 불안정한 보안 상태를 만들 수 있다.

정보를 세상에 공개하라

외워야 할 간단하고 사소한 정보가 너무 많아서 아주 단순한 업무조차 결국엔 복잡하고 혼란해진다면, 우리는 어떻게 대처해야 하는가? 답은 간단하다. 필요한 정보를 세상에 공개하면 된다. 물론 〈그림 3-2〉처럼 이런 정보들을 세상에 공개하면 그 정보는 더 이상 비밀이 아니기 때문에 그 목적 역시 훼손될 것이다. 그러나 우리가 기억해야 하는 많은 것들이 사실상 숨길 필요가 없는 것들이다. 그런 것들은 세상에 공개함으로써 모두가 혜택을 받을 수 있다.

비행기가 게이트에 주차된 〈그림 3-3〉의 첫 번째 사진을 보자. 이 비행기는 어떻게 멈춰야 할 곳을 정확하게 알고 제대로 줄 맞춰 섰을까? 비행기 문이 올바른 위치에 올 수 있도록 비행기 앞바퀴가 멈추는 지점 바닥에 페인트로 칠해놓았기 때문이다. 사진을 보면 비행기 바퀴를 볼 수 없는 조종사를 위해 공항 요원이 앞바퀴가 적절한 위치에 다다르면 멈추라는 수신호를 보내는 것을 알 수 있다. 비행 준비에 필요한 모든 항공설비에 대해서도 같은 의문을 제기할 수 있다. 〈그림 3-3〉의 두 번째 사진처럼 선이나 기호를 그린 다음 그 선에 맞춰 항공 설비를 위치시키면 모두가 편리하면서도 비행기 운항에도 방해되지 않는다. 이 원칙은 다른 제조 현장에도 적용되고 있다. 만약 체계가 잘 잡힌 공장을 방문할 기회가 생긴다면 선, 기호, 도구를 어떤 방식으로 이용하여 기억이나 정리에 도움을 주는지 살펴보라. 『시각적 작업장, 시각적 사고*Visual Workplace, Visual Thinking*』라는 책은 이런 정보가 주는 유용성에 대해 자세히 설명하고 있다.

그림 3-3 공항의 다양한 기호들

공항에서는 원활한 작업을 위해 바닥에 기호를 그려 둔다. 이는 트럭이 주차해야 하는 곳, 비행기가 멈춰야 할 곳 등을 표시하기 위함이다.

공장이나 비행기도 하는 일을, 우리가 못할 이유가 있을까. 복잡함을 다스리는 비밀은 약간의 관리다. 필요할 때 볼 수 있도록 선이나 기호, 스티커 등을 이용해 짧은 글이나 경고 문구를 표시해보자. 각각의 사용법을 일일이 기억할 필요가 없어져 신경 쓸 것이 줄어든다. 이런 정보를 세상에 공개함으로써 우리는 필요한 순간에 도움 받을 수 있을 것이다.

몇 년 전, 대학원에서 내 수업을 듣던 학생이 원형 스티커의 힘에 대해 알려 주었다. 그는 색깔이 있는 원형 스티커를 사서 간단한 동작을 기억해두어야 하는 곳에 붙여보라고 조언했다. 나는 작은 초록색 원형 스티커를 사용하기로 했다. 이 스티커를 조작 방식을 기억해야 할 부분에 붙인다. 색상은 상관없다. 눈에 잘 보이기만 하면 된다. 나는 이 스티커를 사무실 잠금장치에, 오디오 다이얼에, 전기 소켓(어떤 것이 전등 스위치로 켤 수 있는지 알기 위해)에, 차의 대시보드(연료주입구가 어떤 쪽인지 기억하기 위해)에 붙였다. 내가 붙인 스티커 하나가 〈그림 3-1〉에 있다. 이 스티커는 손잡이를 어떤 방향을 했을 때 닫힌 것인지를 알려준다. 매일 밤 문이 잘 닫혔는지 확인할 때 손잡이 방향이 이 스티커를 향해 있는지만 보면 된다.

이 스티커 활용법은 편리하지만 주의할 점도 있다. 때로는 해결책이랍시고 붙여둔 것이 처음의 문제만큼 헷갈리기도 한다. 예를 들어 〈그림 3-1〉에서 스티커가 붙은 곳이 닫힌 것인지 열린 것인지 어떻게 알 수 있을까? 이를 해결하는 세 가지 방법이 있다. 첫 번째는 규칙을 배우는 것이다. 그러나 그 규칙이 널리 쓰이는 동시에 많은 사람들이 따르는 유일한 것이 아니라면 썩 좋은 방법이 아니다. 두 번째는 색상 활용이다. '빨강은 닫힘', '초록은 열림'과 같이 말이다. 여기에도 문제가 있다. 색상을 범용적인 기준에 따라 사용했다 해도 남성의 약 10% 정도가 빨강색과 초록색을 구분하는 못하는 적녹색맹이다. 적색과 녹색은 꺼짐-켜짐, 멈춤-출발, 닫힘-열림과 같은 표시에 가장 많이 쓰는 색인데 말이다. 마지막은 '기록 상태'를 따르는 것이다. 이는 중립 상태는 절대로 기록하지 않고 비정상적인 상태만 기록하는 방식이다. 따라서 어떤 색이든 스티커가 있으면 그것은 '닫힘'

이다. 이것도 다른 사람들이 이 규칙을 알아야 하고, 어떤 상태가 중립인지를 알아야 한다는 문제가 있다. 보통 관례상 열렸거나 꺼진 상태가 중립이므로 이 상태는 기록하지 않는다. 물론 언제나 그렇지는 않다.

이러한 표시는 기술에 필연적으로 따라오는 복잡함에 대처하는 하나의 방법이다. 지속적인 표시를 통해 어떻게 작동되는지 사람들에게 상기시키고, 지시에 따라 적합하게 행동하거나 특정 행위를 취해 줄 것을 호소한다. 그렇지만 표시가 있다는 것은 나쁜 디자인이라는 방증이기도 하다. 표시를 해야 할 필요가 생기면 안 된다. 이상적인 세상은 디자이너와 기획자가 의도한 대로 한 치의 망설임이나 고민 없이 자연스럽게 따를 수 있는 세상이다. 그렇지 못할 때 우리는 표시를 통해 이해의 부족함을 채운다.

넘치는 표시는 혼란을 가져온다

우리가 편의를 위해 스스로 붙인 표시는 유용하다. 하지만 다른 사람이 붙인 표시는 혼란의 근원이 될 수 있다. 넘치는 정보를 항상 최신으로 업데이트하기가 어렵기 때문이다. 만일 자신이 한 표시가 최신 정보와 다르다면 무시하면 된다. 그런데 다른 사람이 붙인 표시는 어떻게 받아들여야 할까? 모르는 장소에 갔을 때 어떤 표시가 맞는지, 어떤 표시가 더는 유효하지 않은지 파악할 수 있을까?

〈그림 3-4〉는 유효기간이 지난 표시가 여전히 붙어 있는 모습이다. 왼쪽 문은 한때는 비상구였지만 지금은 아니다. 그럼에도 비상구 표시를 없애지 않고 비상구가 아니라는 새로운 표시만 추가로 붙였다. 오른쪽 문은 '방화문을 닫으시오.fire door keep closed'라고 쓰여 있는데 항상 열려 있다. 관계자에게 물어보니 옛날 정보라 신경 쓸 필요 없다고 했다.

하지만 앞선 두 상황 모두 안전에 치명타가 될 수 있다. 첫 번째 문은 불이 났을 때 이 출입문이 비상구라는 헛된 희망을 품게 할 수

그림 3-4 간단한 것이 복잡해지는 경우: 구식 안내문
왼쪽에 있는 문은 출구였지만 더 이상 사용을 하지 않는 상태다. 이를 표시하기 위해 문에 '출구 아님'을 붙였다. 바로 옆 벽면의 '출구' 표지는 혼란을 가중시킨다. 오른쪽의 방화문은 '항상 닫아 둘 것'을 요구하지만 활짝 열려있다. 책에 사진을 사용하도록 흔쾌히 허락해준 이안 테이트 작가가 찍은 사진 "출구 아님(crackunit.com)". "방화문" 사진은 저자가 직접 찍은 사진이다.

있고, 두 번째 문은 안전과 관련된 문구를 무시해도 된다는 인식을 심어줄지도 모른다. 빌딩을 오래 이용해온 사람이나 이 변화를 아는 사람에겐 부적합한 표시도 문제가 되지 않지만, 새로운 사람이나 자주 이용하지 않는 사람에게는 문제가 될 수 있다. 없앴으면 간단했을 표시 때문에 문제가 더 복잡하고 혼란스러워졌다.

사람들은 표시에 많이 의존한다. 하지만 매뉴얼처럼 빽빽한 표시는 거의 읽지 않는다. 〈그림 3-5〉의 노스웨스턴대학교 토목공학과 회의실에 붙어 있던 표시처럼 말이다. 프로젝터를 끄라는 이 표시는 회의실에 들어갈 때부터 나갈 때까지 왼쪽에서 오른쪽으로, 위에서 아래로 홍수처럼 넘쳐난다.

이 표시를 두 가지 관점에서 살펴보자. 우선 행정책임자의 관점이다. 이들은 다른 대학이 그렇듯 교육환경을 적절하게 유지하고, 비용을 쓰겠다고 요청하는 모든 부서로부터 예산을 균형 있게 집행하려고 애쓰는 사람들이다. 이들이 반복적으로 높게 지출하는 항목 중 하나가 학과 회의실과 교실에 설치된 디지털 프로젝터 전구인데 가격이 꽤 나간다. 그런데 교수들이 수업이 끝나도 프로젝터를 안 끄기 때문에 자주 닳는다. 이용하지 않을 때에도 계속 켜져 있다. 심하게는 몇 주간이나 켜져 있기도 한다.

이번에는 바쁜 교수의 입장을 보자. 교수는 언제나처럼 수업에 늦어서 서둘러 교실로 들어온다. 부리나케 교단으로 가서 강의를 위한 슬라이드를 설치한다. 터치형 화면과 컴퓨터 마우스, 키보드를 사용하려면 또 열쇠를 꺼내 돌려야 한다. 그렇게 프로젝터를 켜고 컴퓨터를 연결해 입력장치를 순서대로 설정한다.

그림 3-5 무용지물인 경고 표시

회의실 한가득 프로젝터를 끄라는 경고 표시가 있다. 이렇게 많은 경고 표시는 이 방법이 제대로 작동하지 않는다는 증거다.

그때마다 범상치 않은 경고가 눈에 들어온다. 수업을 마치고 나면, 반드시 프로젝터를 끄라는 내용이다. 이 표시는 강의를 시작하는데 전혀 도움이 되지 않는다. 강의가 끝날 때나 필요하다. 따라서 교수는 수업시간 내내 경고를 묵살한다.

강의가 끝나고 시계를 보니, 이런⋯. 강의가 너무 길어졌다. 모두각자의 약속 장소로 발길을 서두른다. 교수도 노트와 컴퓨터를 집어들고 급하게 달려 나간다. 물론, '프로젝터를 끄시오'란 경고문을 봤지만, 너무 늦었다. 교수의 머릿속은 이미 다른 생각으로 가득 차 있다.

담당자는 좌절한다. 경고문을 아무리 많이 붙여도 달라지지 않는다. 학과 회의에서 논의 주제로 올려도 소용이 없다. 그러는 동안 예산은 계속해서 낭비된다.

이 문제는 자동화를 이용해 간단히 해결할 수 있다. 실제로 많은 프로젝터들이 입력 신호가 없는 상태로 일정 시간이 지나면 스스로 꺼지게 고안되어 있다.

전문가들은 어떻게 간단한 일을 혼란스럽게 만드는가?

가공되지 않은 정보는 유심히 살펴봐야 하는데, 이때도 복잡함은 어김없이 섞여 있다. 우리는 인터넷에서 정보를 검색할 때마다 이런 문제와 마주친다. 검색한다는 것 자체는 간단하다. 검색된 콘텐츠를 읽는 행위도 마찬가지다. 하지만 간단한 검색이라도 살펴볼 정보가 너무 많거나 원하는 정보를 찾지 못하면 사람들은 어떻게 행동할까? 이처럼 원래는 간단해야 할 문제가 복잡해지기 시작하면 대부분은 검색 결과의 상위 몇 개의 항목만 대략 훑어볼 뿐 나머지는 쳐다보지도 않는다.

똑같은 상황을 라디오 교통정보에서도 찾을 수 있다. 만일 내가 고속도로와 연결된 작은 길의 교통 상황에 대해 알고 싶다고 하자. 길

문도, 답도 간단하다. 하지만 불행히도 리포터는 이렇게 특정 도로에 대한 정보를 원하는 나를 포함한 모든 사람의 요구에 응해야 한다. 그 결과 라디오 교통 방송에서는 해당 지역에 해박한 주민만 아는 명칭을 사용해서 몇 분간을 쉬지 않고 빠르게 여러 지역의 교통 현황을 반복적으로 알려 준다. 그런데 이 말이 너무 길어서 정작 내가 듣고 싶은 교통정보는 놓치기 쉽다.

짧은 시간에 너무 많은 정보를 접하는 것은 문제 해결에 도움이 안 된다. 나는 항공 관제사가 조종사에게 전하는 지시문을 들은 적이 있다. 항공을 전혀 모르는 내 귀에는 기상정보나 교통 안내와 비슷하게 들렸다. 차이가 있다면 관제사는 표준화된 기술 용어와 그 메시지를 누구에게 전하는 것인지를 알리는 특별한 신호를 이용한다는 것이다. 한번 안내에 여러 대의 비행기가 언급되기 때문에 지침은 짧지 않다. 하지만 지침을 듣는 조종사는 자신의 항공기 번호나 다른 식별 암호가 거론된 뒤에 나오는 지시만 확인하면 되니 모든 내용을 다 듣지 않아도 된다. 그들은 비행기 이름이 들릴 정도만 듣고 있다가 자신의 비행기 번호가 나오면 최대한 집중하기 시작한다. 그리고 안내를 전달받았고, 이해했다는 것을 회신한다.

때로는 취미조차 혼란스러움의 대상이 될 수 있다. 최근 나와 아내는 도시와 숲, 산, 그리고 해변에서 새를 관찰하며 즐기는 하이킹을 신청했다. 우리는 미리 공부해두면 도움이 될 것 같아 새에 대한 수업도 함께 등록하고 관련된 책도 샀다. 수업을 들으며 알게 된 사실은 새를 관찰하는 사람들은 종류를 구분하기 위해 수많은 세부 항목을 확인한다는 것이었다. 그런데 안내 책자는 이것이 클라크 논병아리인지, 아니면 서구 논병아리인지, 그것도 아니면 검은목논병아리인지를 확인하는 방법을 설명하고 있었다. 초보자인 우리는 그저 오리와 논병아리를 구분하는 정도면 충분했다. 이 책은 우리에게 전혀 도움이 되지 않았다.

나는 이 점을 강사에게 이야기했다. "이 책은 새를 종류별로 정리했네요. 이 책을 제대로 보려면 새를 잘 알고 있어야겠어요. 이것 말고 크기나 행위, 표시, 색상처럼 다른 방식으로 정리한 책은 없나요?"

강사는 안타까워하며 "새에 대해 더 배우고 나면 괜찮아질 거예요."라고 말했다. 그녀의 대답은 별로 도움이 되지 않았다. 나는 배우고 난 후가 아니라, 배우는 과정에서 도움이 필요했다! 전문가들은 모습, 자세, 크기, 비행 패턴, 서식지 등이 새의 중요한 특징이라고 말했다. 그럼 왜 이런 특징을 기준으로 정리된 책은 없는 걸까?

다행스럽게도 이제는 태블릿 PC의 e북 안내서와 같은 기기에서 새를 지역, 색상, 크기로 분류할 수 있다. 새들이 내는 소리나 행동으로도 분류가 가능하다. 여러 특성을 선택하면 그 특성에 해당하는 모든 예시를 보여준다. 기본으로 제공되는 표준 카테고리 목록이나 내가 직접 여러 카테고리를 선택하면, 그에 맞는 후보군들이 나열된다. 아니면 이보다 범위를 좁혀서 분류할 수도 있다. 이런 변화는 우리가 새를 보는 방식을 바꿔 놓았다.

정보를 제공하는 두 가지 방식의 차이를 살펴보자. 기존 방식인 종이책은 상세하고 쉬운 설명이 있다. 구조가 고정적이어서 이해도 빠르다. 새나 종의 이름만 찾으면 알아야 할 내용을 한 두 페이지 내에서 모두 볼 수 있다. 반면 태블릿 PC의 e북 안내서는 고정된 체계에 익숙한 사람이라면 활용하기 어려울 수 있다. 이것은 인터넷과 같다. 무엇 하나도 체계가 간단하지 않다. 무언가를 찾으려면 검색을 해야 한다. 특성을 입력하면 몇 가지 가능성이 제시된다. 그렇지만 약간 어렵더라도 초보자에겐 e북 안내서가 원하는 정보에 접근하는 가장 쉬운 방법이다. 반대로 전문가에게는 고정된 구조로 된 안내서가 더 편리하다.

기능 강제의 원리

아무리 간단한 것이라도 이면에는 복잡함이 숨어 있을 수 있다. 〈그림 3-6〉의 평범한 화장실 휴지걸이를 보라. 나는 우리 집을 리모델링하면서 휴지걸이를 이중으로 바꾸기로 했다. 휴지가 떨어져도 대체할 휴지가 있으면 좋겠다고 생각했기 때문이다. 그래서 아내는 〈그림 3-7〉에서 보는 것과 같은 이중으로 된 휴지걸이를 구입했다.

　그런데 동시에 두 개의 휴지를 걸어놔도 여전히 문제는 해결되지 않았다. 두 개의 휴지가 동시에 닳는 것이다. 물론 휴지가 다 떨어지는 데까지 두 배의 시간이 걸리기는 하지만, 여전히 결과는 같았다. 우리는 걸이를 두 개짜리로 바꾸면 선택에 있어 좀 더 세심하게 행동해야 함을 깨달았다.

　컴퓨터 과학자들은 행동에 대한 법칙을 시스템적으로 적용한 것을 '알고리즘'이라고 부른다. 우리는 관찰과 논의를 통해, 일반 사람들이 눈에 보이는 두 개의 휴지 중 하나를 선택하는 세 개의 알고리즘을 발견했다. 첫 번째는 큰 알고리즘으로, 언제나 가장 많이 남아있는 휴지를 쓰는 것이다. 두 번째는 작은 알고리즘으로, 언제나 가장 적게 남아 있는 휴지를 쓰는 것이다. 세 번째는 무작위 알고리즘으로, 생각하지 않고 닥치는 대로 휴지를 쓰는 것이다.

처음 우리는 무작위 알고리즘이 가장 자연스럽다고 생각했다. 하지만 훌륭한 가정이 아니었다. 만약 우리가 무작위로 휴지를 사용한다면 두 개의 휴지를 거의 동일하게 선택할 것이고, 따라서 두 개의 휴지가 동시에 닳을 것이다. 그러나 일반적으로 대부분의 사람들은 많이 남은 휴지를 선택한다는 것을 깨달았다. 새 휴지 두루마리 A와 그보다 작은 B가 있다고 해보자. 많이 남아있는 휴지를 사용하는 큰 알고리즘에서는 B보다 눈에 띄게 삭아질 때까지는 A를 사용한다. 그러고는 상대적으로 커진 B가 A보다 훨씬 작아질 때까지 B를 선택하다가, 어느 시점에서 다시 A를 사용한다. 다시 말해 두 개의 휴지가 거의 같은 비율로 닳는다는 것이다. A가 소모되고 나면 곧이어 B가 소모되기 시작한다. 이것이 계속 반복되면 결국 우리에겐 거의 닳은 빈 휴지만 남게 된다. 따라서 이 큰 알고리즘은 컴퓨터 과학자가 '균형 잡힌 사용balanced usage'이라고 부르는 것으로, 이중 휴지걸이에 적합하지 않다.

다른 사람은 어떨까? 나는 길거리로 나가 사람들에게 〈그림 3-7〉을 보여주며 어떤 휴지를 선택하겠느냐고 물었다. 대부분 더 많이 남은 것을 선택한다고 답했다. 사실 가장 적합한 선택은 작은 알고리즘이다. 작은 알고리즘에서는 언제나 작은 휴지를 택하기 때문에 다 닳을 때까지 이것만 선택한다. 그러고 나서 아직 완전한 크기로 남아 있는 다른 휴지로 넘어간다.

휴지 선택에 고민이 필요하다는 생각은 한 번도 해본 적이 없다. 그냥 자연스럽게 양이 많은 휴지를 선택했을 뿐인데 휴지걸이 디자인이 목표로 했던 것을 막았던 것이다.

이중 휴지걸이는 눈에 보이는 표시가 사용자에게 도움을 주기보다는 해가 되는 것을 극명히 보여준다. 두 휴지의 크기 차이가 확연할수록 더욱 그렇다. 디자인도 마찬가지다. 하나의 상황에서는 잘 작동되던 원칙이 다른 상황에서는 오류투성이로 변하기도 한다. 겉으로 간단해 보이는 도구라도 그 이면에는 복잡함이 숨어 있기 때문이다.

이 문제를 해결하는 방식은 두 개의 휴지걸이를 사용하되, 순차적인 제약을 두는 것이다. 하나를 다 쓸 때까지 다른 휴지를 사용하지 못하게 하는 것이다. 이것이 내가 저서 『디자인과 인간심리*The Design of Everyday Things*』에서 언급한 '기능 강제forcing function' 방식이다. 실제로 많은 휴지걸이들이 기능 강제를 적용해 만들어진다. 새로운 디자인을 통해 다른 부분을 희생함으로써 문제를 해결하는 것이다. 이로써 제품을 사용하는 새롭고 색다른 해법이 나온다.

시중 신제품 중 휴지를 다 썼을 때 빈 휴지걸이를 누르면 위에서 새 휴지를 장착한 여분의 휴지걸이가 나오는 제품이 있었다. 그러나 평소에는 철제 용기 안에 숨겨져 있어서 위쪽의 휴지가 보이지 않았다. 안에 여분의 휴지가 있는지 쉽게 알 수 없는 것이다. 이 휴지걸이를 만든 기업은 청소 담당자가 일일이 휴지걸이를 열어서 여분의 휴

그림 3-6 전형적인 화장지 홀더

화장지가 다 떨어지면 어떻게 되겠는가?

그림 3-7 이중 화장지 홀더

큰 것과 작은 것 중, 어떤 것을 사용하겠는가?

지가 있는지 실시간으로 확인하기를 원한 것일까? 그게 아니라면, 다행스럽게도 훌륭한 대안이 될 만한 새로운 디자인이 나왔다. 옆면을 투명하게 설계해서 여분의 휴지를 눈으로 확인할 수 있게 한 것이다. 다만 현재 사용되고 있는 휴지 때문에 접근이 차단되는 기능은 동일하다.

이 휴지걸이는 비상용 휴지가 있는지 없는지 보여줌으로써 사용자와 소통하고, 완전히 닳을 때까지 작은 휴지를 선택하도록 유도했다. 적절하게 사용자의 행동을 제어한 디자인의 힘을 잘 보여준다. 이것이 기능 강제다.

인간의 행위는 믿지 못할 정도로 복잡하고 사회적 행동은 더욱 그러하다. 우리는 사람들이 행동하길 원하는 방식으로가 아니라 사람들이 행동하는 대로 디자인해야 한다. 사람들은 사용하는 제품이 눈에 잘 보이고, 부드러운 유도와 기능 강제가 이루어지며 선명한 그림 또는 문자와 적절한 피드백이 제공될수록 더 적합하게 행동한다.

휴지걸이 문제의 해법은 적절한 기능 강제였다. 올바른 행위를 자연스럽게 유발할 수 있도록 약간의 제약을 둔 것이다. 기능을 강제함으로써 적절한 행동을 유도하면 직접 문제를 해결하거나 의사결정을 해야 할 필요가 줄어든다. 훌륭한 디자인은 사용자로 하여금 자연스럽고 편안하게 올바른 선택을 하도록 해준다.

복잡함은 인생 불변의 진리다. 때문에 여기에 대처할 방법을 익혀야 한다. 이따금 우리가 반드시 사용해야 할 도구가 복잡하기도 하고, 때로는 도구는 간단한데, 상황이 복잡할 수도 있다. 우리는 인생의 복잡함을 잘 해결할 수 있도록 행동을 잘 조율해야 한다. 지식을 세상에 공개하는 것이 하나의 방법이 될 수 있다. 약간의 힌트와 제안만 있으면 된다. 항공사에서 관계자들을 돕기 위해 땅에 선을 그었다면 우리도 그렇게 하자. 어떤 도구든 상관없다. 원형 스티커, 기능 강제, 안내문 붙이기 등 나에게 가장 잘 맞는 것을 선택하면 된다.

세상에 공개된 지식을 활용해 복잡함을 조절하라. 낯선 장소에 가면 어떻게 행동하는가? 보통 주위를 둘러보거나 다른 사람들의 행동을 베끼기 마련이다. 모르는 언어를 쓰는 문화권에서 어떻게 음식을 주문하는가? 다른 사람이 무엇을 먹는지 둘러보고 그중에 맛있어 보이는 것을 주문한다. 당신이 손가락으로 가리키기만 하면 된다. 다른 사람들이 세상에 뿌려둔 지식을 적극 활용하라.

인생은 복잡하지만 우리는 이에 대처하는 법을 배울 수 있다. 본래는 간단한 기술이지만, 적용되는 방식, 산출된 규모나 형태 등이 다양해지면서 복잡함도 함께 증가한다. 하지만 반대로 이러한 복잡함으로부터 우리를 구해주는 기술들도 함께 발전하고 있다. 자동화와 사용자를 우선적으로 고려한 좋은 디자인, 우리에게 필요한 정보만 제공할 수 있도록 스스로 정보를 재조정하는 역동적인 구조화 방식 등이 그렇다. 이것이 바로 단순함이 모여 발생하는 혼란스러움을 줄이는 기술이다.

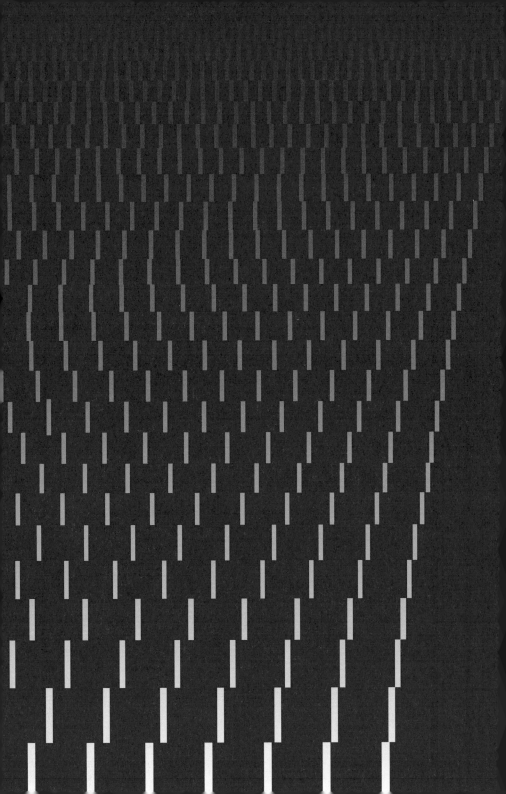

4장

사회적 기표: 복잡한
세상을 이해할 수 있게
도와주는 것

세상이 보내는 신호

복잡한 세상 속에서도 대부분의 사람들은 그에 맞춰 잘 살아가는 편이다. 기존의 지식이나 경험이 없는 아예 새로운 환경에서도 잘 헤쳐나간다. 다른 사람의 언어나 행동으로부터 복잡함을 해결할 미묘한 정보를 얻기 때문이다. 사람들의 행동 방식은 부차적인 결과물, 즉 행동의 자취나 자국을 남긴다. 덕분에 우리는 그것을 따라 원하는 방향으로 갈 수 있다. 사람들이 의식적으로 남긴 것은 아니지만, 내가 '사회적 기표'라고 이름 붙인 이런 부차적인 결과물은 우리가 올바른 선택을 내리게 해주는 중요한 신호다. 사회적 기표記標는 복잡하고 혼란스러웠을지 모르는 환경에서 길을 안내해주는 등불과도 같다.

'기표'는 사람들에게 의미를 전달해주는 일종의 지시자 같은 표시로 물리적이고 사회적인 세상을 의미 있게 해석하게 해준다. 이러한 기표는 의도적으로 생성되어 퍼지기도 하고, 어떤 활동이나 현상의 결과로 우연히 따라오기도 한다. 사회적 기표는 다른 사람의 행동에서 나오는 것이다. 디자이너와 기획자들은 소비자들이 제품을 적절하게 사용할 수 있게 하기 위해 의도적으로 기표를 배치해야 한다.

기표는 디자인 용어로 '어포던스affordance', 더 정확하게는 '인지된 어포던스'라고 불린다. 사실 이것은 『디자인과 인간심리』라는 책에서 이 단어를 이렇게 소개한 내 실수다. 어포던스는 어떤 형태나 이미지가 행위를 유도하는 힘(행동유도성'이라고 불리기도 한다—옮긴이)으로 기표와는 다른 개념이다. 때로는 어포던스 자체가 기표가 될 수도 있다. 문에 달린 손잡이는 곧 '당기시오'라는 기표가 된다. 살짝 안으로 들어간 아이팟 터치의 버튼 안에 그려진 사각형 역시, 누르면 어떤 기능이 작동되는지를 말해주는 기표다. 여기서 사용자가 버튼을 누르게끔 유도하는 모든 게 어포던스라고 이해하면 된다. 우리에게 중요한 것은 무엇을 해야 하고 무엇을 하면 안 되는지 알려주는 기표다. 우리는 복잡한 것을 이해하기 쉽게 해줄 기표를 만들어야 한다. 어포던스에 대해서는 8장에서 더욱 자세히 설명할 것이다.

우리에게 정보를 제공하는 것들

당신은 기차 시간에 늦지 않기 위해 서둘러 역으로 달려가는 중이다. 역에 도착해 황급히 플랫폼으로 간다. 기차가 이미 출발했는지, 아니면 아직 도착 전인지 어떻게 판단할 수 있을까? 플랫폼의 상태를 기표로 사용하면 된다. 〈그림 4-1〉을 보라.

기다리는 사람이 있다는 것은 기차가 아직 도착하지 않았다는 강력한 증거이고, 빈 플랫폼은 기차가 이미 떠났음을 암시한다. 물론 플랫폼이 비어 있더라도 기차는 아직 도착하지 않았으며, 단지 이 기차를 타는 사람이 없는 것일 수도 있다. 대도시 중심의 혼잡한 기차역에는 기차가 꽤 잦은 간격으로 도착한다. 따라서 우리는 늘 사람들로 북적거리는 플랫폼에서 우리가 알고 싶은 특정 기차에 대한 정보를 얻기 어렵다. 대신 통근 시간마다 늘 겪어온 일상적인 혼잡함을 바탕으로 원하는 정보를 유추해볼 수는 있다. 특정 시간대에 승객이 있고 없고의 의미가 다르다는 것은 중요한 정보를 시사한다. 주말인데도 플랫폼에 사람이 몰려 있으면 '왜 이렇게 북적북적하지? 무슨 일이 일어났나?'하고 생각한다. 반대로 혼잡한 시간에 사람이 없으면 이 상황이 암시하는 것이 무엇인지를 유추한다. 따라서 기표를 정확하게 해석하려면 시간대(출퇴근 시간이나 한가한 시간)와 같은 여러 가지 판단 기준이 필요하다.

기표는 우연한 부산물이지만 복잡함을 이해하는 강력한 근거가 될 수 있다. 많은 기표가 정보를 주기 위해 의도적으로 디자인되고 설치된다. 물론 의도하지 않은 부차적인 결과도 있다. 그림자는 사람이나 물체가 빛 앞에 있을 때 나타나는 결과지만, 우리는 그림자를 보면서 물체가 있음을 추론할 수 있다. 그림자는 우연한 것이면서 자

그림 4-1 사회적 기표로서의 군중
기차가 이미 출발했는가? 열차 플랫폼의 상태가 답을 제공한다. 대기 중인 승객의 존재 여부는 아직 도착하지 않은 기차 혹은 이미 출발한 기차를 암시하는 사회적 기표로 사용된다. 사회적 기표가 항상 보장할 수는 없지만 강력한 암시가 될 수 있다.

연적이다. 의도적으로 디자인되거나 그 자리에 놓인 것이 아닌 자연 현상일 뿐이다.

레스토랑에서 스스로 자리를 찾아 앉아야 할까 아니면 종업원의 안내를 기다릴까 고민하고 있는가? 주위를 둘러보라. 처음 보는 음식은 어떻게 먹을 것인가? 익숙하지 않은 도구를 사용하는 방법이 궁금한가? 다른 사람을 관찰하라. 눈 속에서 어떤 길로 가야 할지 모르겠는가? 발자취를 좇아라. 사람들이 많아서 길을 가기 어렵다고? 누군가의 뒤에 바짝 붙어서 가라. 어떤 책을 읽을까, 어떤 영화를 볼까, 어떤 레스토랑을 갈까? 이미 경험한 사람에게 물어라. 특히 당신과 비슷한 취향을 가진 친구라면 더욱 좋다. 군중, 사회, 다른 사람에게는 집단으로 구축해온 지혜가 있다. 때로는 어떤 질문에 대한 답변으로, 특정 게시판에 남긴 글로 그 지식을 명시적으로 공유한다. 또는 활동을 통해 충분히 해석 가능한 신호를 남김으로써 암시적으로 공유하기도 한다. 이 모든 것이 기표다.

다른 사람의 행동을 따라하려는 경향을 이용해 아이들이 자주 하는 장난이 있다. 몇 명의 아이들이 길에서 허공을 향해 손가락질하는 것이다. 다른 아이도 합세해 아무것도 없는 위쪽을 쳐다보고 있노라면 얼마 지나지 않아 많은 사람이 몰린다. 왜 그럴까? 보통 다른 사람의 행동에 중요하거나 흥미로운 사실을 알려주는 정보가 있다고 생각하기 때문이다. 사람들이 이 장난에 말려드는 것을 보면 참 흥미롭다고 느낄 것이다. 어린아이들의 장난은 이러한 자연스러운 경향을 잘 이용한 것이다.

물리적인 세계에서는 사회적 기표를 눈으로 확인할 수 있지만 전자적인 상호작용과 커뮤니티로 이루어진 가상의 세계에서는 불가능하다. 하지만 웹사이트나 소셜 네트워크, 그리고 위치나 주제 기반의 수없이 많은 '추천' 시스템처럼, 가상 세계에 남겨진 활동의 흔적도 물리적인 세계의 흔적처럼 강력하게 작동한다. 추천 시스템은 사람들이 활동하다가 남긴 정보를 보여주기도 하는데 '이 물건을 좋아하는 사람은 이런 것도 좋아했다.'고 말해준다. 이로써 자신의 취향과 비슷한 사람들의 구매 경로를 확인할 수 있다. 인터넷에서 필요한 정보를 찾아본 뒤 제품에 대해 다른 사람이 남긴 사용 후기를 읽고, 구매하는 행위는 눈길에 난 발자국을 따라가는 것과 동일하다.

생물학자들과 '인공 생명'이라 불리는 분야의 학자들은 이러한 현상을 '행동신호stigmergy'라고 부르는데, 이는 어떤 개체의 흔적이 다른 개체의 행동을 유도하는 간접적인 정보전달과 교환의 메커니즘을 의미한다. 동물이 남긴 발자국이나 개미집의 화학적 경로 등이 대표적 사례다. 흰개미 집, 말벌 둥지, 개미 총, 비버 댐, 벌의 육각형 벌집과 같이 동물들이 만들어낸 복잡한 구조체는 분명한 필요나 의도적인 목적 없이 만들어진다. 대신 이전 활동의 자취가 앞으로의 활동을 제한하고 이끌어준다. 즉, 직접적인 상호작용 대신 일을 하고 남은 화학적 작용이 다른 일개미를 자극해 간접적인 협동을 이뤄내는 것이다. 그 결과 설계도 없이도 복잡한 구조체를 만들고, 구체적 목표나 리더 없이도 스스로를 조직화하는 행동양식을 갖게 된다.

이런 자취가 바로 기표다. 대부분은 의도하지 않아도 자연스럽게 생긴다. 물론 진화의 힘이 '고의적으로' 작동할 수도 있다. 개미와 같은 동물들에게 화학적 자취를 남기게 하여 벌집이나 둥지를 만들 때 이전의 자취를 이용하게끔 하는 것이다. 사실 모든 동물들은 그들만의 특별하고 독특한 구조를 만드는 유전적인 재능을 타고난다.

우리에게도 이런 모습이 있다. 우리는 마지막에 읽었던 지점을 찾기 위해 책의 한 귀퉁이를 접어놓는다. 자동차 부품 판매장에 있는 두꺼운 카탈로그를 살펴보면 얼룩이나 마모 정도로 사람들이 가장 많이 상담하는 페이지를 찾을 수 있다. 마찬가지로 청동 손잡이에 매끈하게 닳은 부분으로 사람들이 어디를 가장 많이 잡는지 알 수 있다. 요리 레시피 카드에서도 가장 좋은 조리법은 아마 가장 많이 닳고 손때가 묻어 있을 것이다.

디자이너들은 이런 관찰을 토대로 사람들이 읽기나 편집을 그만두는 지점마다 의도적으로 표시를 남길 수 있는 시스템을 디자인했다. 이것을 리드 마크read marks(컴퓨터 화면에서 특정 문장이나 문단에 줄이나 색으로 표시를 해두어 필요할 때 쉽게 찾도록 하는 프로그램) 또는 에디트 마크edit marks라고 부른다. 이런 표시는 독자나 편집자가 책에 남기는 표식을 베낀 것이다.

문화적 복잡성

〈그림 4-2〉의 소금통과 후추통을 보고 어떤 통에 소금이 있는지 알 수 있는가? 전 세계의 관중을 대상으로 이 질문을 했을 때 답은 언제나 비슷했다. 절반은 왼쪽이 소금통이라고 생각했고, 나머지는 오른

쪽이라고 생각했다. 이유를 물으니 양쪽 다 이유가 확실했다. 가장 흔한 대답은 구멍의 수나 크기였다. "구멍이 더 많으니 소금이 왼쪽입니다." "구멍이 더 많으니 후추가 왼쪽입니다." 누구의 말이 옳은가는 중요하지 않다. 중요한 것은 소금을 채우는 사람의 생각이다.

소금통과 후추통은 우리에게 복잡함을 주는 또 다른 근간, 곧 '문화'를 보여준다. 이들은 단순한 장치지만 엄연히 사회 시스템의 일부다. 누군가는 통을 채우고 누군가는 이용한다. 훌륭한 제품 기획자와 디자이너는 이런 점을 생각하면서 적합한 이용에 대한 실마리, 즉 기표를 제공해야 한다. 이때 필요한 특별한 재능이 바로 공감 능력이다. 기획자와 디자이너는 반드시 이용하는 사람의 위치에서 생각해야 한다. 아름다움이나 기능은 유지한 채, 비용도 더 쓰지 않으면서

그림 4-2 어떤 것이 소금통일까?
단순해 보이는 통이지만 어디에 소금이 있고 어디에 후추가 있는지 알아내는 것은 조금 더 복잡한 과정을 거친다. 그 과정에는 실제적이고 문화적인 지식뿐만 아니라 그것을 사용하고 채우는 사람 사이의 합의도 필요하다.

쉽게 사용할 수 있도록 알맞은 정보를 제공하는 것이다. 이런 긴장을 적절히 조절하는 것이 기획자와 디자이너의 도전 과제다. 공감 능력이 부족한 디자이너는(대다수이지 않을까) 외관, 개발 편의성, 비용과 같은 한두 가지 측면에만 초점을 맞춘다. 그 결과 후추통과 구별되지 않는 소금통, 1장에서 언급한 롤랜드 피아노와 같은 제품이 탄생하고 만다. "소금이 뭔지는 누구나 다 알잖아요"라고 이야기하는 디자이너는 용서할 수 없다. 사람들이 소금통과 후추통을 제대로 사용하려면 모두가 같은 지식을 가지고 있어야 한다. 사회적 동기화가 필요한 것이다. 사회적 동기화는 인간의 모든 활동을 통틀어 가장 어려운 일이다.

나는 똑같은 질문을 레스토랑 매니저들과 종업원들에게 했다. 레스토랑마다 대답이 모두 다르다는 점만 빼면 모두 소금이 무엇이고, 후추가 무엇인지 분명한 답을 들을 수 있었다. 암스테르담에 있는 한 멋진 레스토랑에서는 테이블 위에 소금통과 후추통을 놓을 때 소금을 그 방 출입문에서 가까운 쪽에 놓는다는 답을 들었다. 무작위로 종업원들에게 이 질문을 던졌더니 모두 같은 답을 했다. 분명 제대로 교육받은 결과일 것이다. 다음에는 레스토랑의 방 몇 개를 돌아다니면서 실제로 그런지 확인해 보았다. 나는 몇 개의 테이블이 규칙대로 되어 있지 않은 것을 발견했다. 나는 매니저를 찾아내 왜 이런 일이 벌어졌는지 물었다. 그는 "오, 잘못되었군요!"하고는 재빨리 위치를 바꿨다. 가끔 지켜지지 않는다는 점만 빼면 대체로 규칙은 유용하다.

이 이야기에는 왜 우리가 기술을 어려워하는지 설명해주는 몇 가지 교훈이 있다. 첫 번째 교훈은 우리가 이 세상에서 어떻게 행동해야 하는지를 이해하려면 다른 사람과 어떻게 상호작용 하는지를 알아야 한다는 것이다.

두 번째는 불확실하고 통제할 수 없는 현실 세계에서의 가장 좋은 전술은 '신중히 행동하라' 이다. 그리고 가능하다면 실험해보는 것이다. 따라서 대부분의 사람들은 〈그림 4-2〉의 소금통과 같은 불투명한 금속 용기를 만나면 소금인지 후추인지 알아보기 위해 자신의 손에 뿌려본다.

세 번째는 좋은 디자인은 이 모든 것을 해결한다는 사실이다. 〈그림 4-3〉의 용기처럼 내용물이 보이게 만들면 모든 문제가 사라지는 것과 같다. 이처럼 혼란을 극복하기 위해 가장 많이 쓰는 방법은 통을 투명하게 만들어서 내용물이 보이게 하거나, 글을 써서 통에 붙이는 것이다. 아니면 구멍을 'S'나 'P'모양으로 성렬하기도 한다. 이런 대안들은 지식을 세상에 공개해 작동 원리 자체를 노출시킨다. 정말 간단하게 사용할 수 있는 도구의 사회성 여부는 별로 중요하지 않다. 하지만 이 원칙을 설명하기 위한 소금통과 후추통 이야기는 우리가 상호작용하는 거의 모든 것에 적용된다. 정교한 기계나 전기 제품뿐만 아니라 커뮤니케이션 기술과 같은 복잡한 상호작용에도 이 원칙을 적용할 수 있다.

어떤 용기에 소금이 들어 있는지를 판단하는 복잡함은 적합한 용기 디자인으로 해결할 수 있다. 하지만 아직도 남은 문제가 있다. 문화적 요소가 포함되는 경우에는 대개 눈에 보이지 않기 때문에 디자인만으로는 극복할 수 없다는 것이다. 이런 이유로 디자이너가 적

그림 4-3 쉽게 구분할 수 있는 디자인

ⓐ는 우리가 어느 것이 소금인지 쉽게 알 수 있는 디자인을 채택했다. ⓑ는 유나이티드 항공이 사용하는 소금 및 후추 용기. 일회용 용기조차도 매력적이고 이해하기 쉬울 수 있음을 보여주는 예.

합한 행동 유도를 위한 신호를 개발하는 데 각별한 노력을 기울이지 않으면 불필요하게 복잡하거나, 혼란스러운 상황을 마주해야 한다.

기능 디자인(혹은 기능 설계)이란 우리 주변의 사물들을 사용가능하고, 이해가능한 것으로 만들어주는 디자인으로, 주로 커뮤니케이션에 관한 것이다. 적절한 커뮤니케이션에 실패하면, 우리는 최악의 경우 사고를 당하거나 재난을 겪게 될 수도 있다. 커뮤니케이션을 고려한 적절한 디자인은 난해한 지식을 숙지해야 하거나 실험을 해봐야 하는 필요성을 최소화시켜준다. 그러나 너무 걱정하지 마라. 우리가 현대 사회에서 편안하게 지내기 위해서는 사회적 상호작용, 조직, 문화에 따라 수행해야 하는 역할을 잘 이해해야만 한다.

사회적 기표가 말하는 것들

승강장에 기다리는 사람이 있는지 없는지의 여부, 도로에 그려진 선과 같은 사회적 기표는 모두 신호를 보내는 시스템의 하나다. 생물학자, 인류학자, 그리고 동물과 사람이 정보를 어떻게 교류하는지를 연구하는 사회과학자들은 오랫동안 기표의 역할에 관심을 기울여왔다.

동물들은 상대에게 자신의 존재를 알리는 신호를 보낼 수 있도록 진화해왔다. 몸집의 크기, 울부짖는 소리, 또는 뿔과 같은 신체적 특징으로 자신의 힘을 보여준다. 때로는 동물의 교미 의식과 같은 행동으로 나타나기도 한다. 심지어 공작의 경우처럼 열등감을 극복하기 위한 행동도 있다. 공작은 긴 꼬리 때문에 날 수 없지만 단점일 수

그림 4-4 자연현상을 알려주는 기표

노스웨스턴대학교 근처에 있는 내 집 창문 밖 모습. 이 깃발의 상태로 날씨를 파악한다. ⓐ는 평온하고 평화로운 날의 모습이고 ⓑ는 북쪽에서, ⓒ는 남쪽에서 바람이 분다는 것을 알 수 있다. ⓓ는 어떤 판단을 내려야 할까? 깃발 두 개가 길을 사이에 두고 서로 반대 방향으로 날리는 모습으로 예측 불가능한 날씨를 알려준다. 이런 날은 집에 있는 것이 상책일 것이다. (사진은 모두 진짜다.)

있는 꼬리를 크게 펼치는 행위가 자신을 과시하기 위함이라는 것이 현재의 유력한 학설이다. 꼬리가 긴 수컷은 이런 열등감을 극복할 수 있을 만큼 강력하다. 다른 예로, 사자를 발견해도 도망치지 않고 오히려 공중에서 위아래로 뛰는 가젤이 있다. 마치 '하하, 나 잡아봐라" 하는 것 같다. 현명한 사자라면 이 대담한 행동을 진짜라 생각하고 가젤 대신, 보자마자 도망치는 약하고 어린 동물을 쫓을 것이다.

의도적인 커뮤니케이션이든 그렇지 않은 것이든 기표는 수용자에게 중요한 커뮤니케이션 도구다. 이것은 소통의 양측인 수신자와 발신자 모두의 의도를 요구하는 커뮤니케이션을 원하는 많은 이론가들과 입장을 달리하는 것이다. 이 세상에서 살아남기 위해선 주어진 정보가 유용하다면 그것이 의도적으로 주어졌든 아니든 상관이 없다. 정보를 수용하는 입장에서는 구분할 필요가 없는 것이다. 예를 들어 깃발이 우리에게 주는 기표에 대해 생각해보자. 그것이 바람의 방향을 알리기 위해 의도적으로 설치가 되었든(공항이나, 배의 돛과 같이), 광고를 위해 서 있든, 애국심을 상징하는 국기로 사용되든 무슨 상관인가? 깃발은 매우 유용한 정보를 제공하기 때문에 자연현상의 기표로 쓰일 수 있다는 점이 중요할 뿐이다.

〈그림 4-5〉과 같이 공항에 설치한 바람자루는 팽창 정도로 조종사가 바람의 방향과 속도를 가늠할 수 있도록 정교하게 디자인된 인공 기표다. 의도적 기표든 자연적 기표든 우리가 살고 있는 세상의 자연현상과 사회적 현상에 대한 귀중한 정보를 제공하는 역할을 한다. 이처럼 기표는 계획적으로 만들 수도, 우연히 발견할 수도 있다. 사실 그것의 의도는 중요하지 않다. 우리 주변에 존재하면서 이 세상과 사물의 본질을 알려주는 유용한 실마리라는 것이 중요하다. 복잡하고 기술적 진보가 이루어진 세상에서 살아가기 위해서는 사물의 의미가 무엇인지, 어떻게 작동하는지를 알려주는 기표를 찾아 나서는 탐정이 되어야 한다. 사려 깊은 디자이너라면 누구나 손쉽게 발견할 수 있는 기표를 제공할 것이다. 그렇지 않은 경우에는 우리를 둘러싼 수많은 기표를 이해하고 활용할 줄 아는 창의력과 상상력을 발휘해야 할 것이다.

그림 4-5 의도적 인공 기표로써의 풍향계

조종사는 바람자루를 보고 풍속 풍향을 가늠할 수 있다. 이를 위해 정교하게 디자인된 바람자루가 공항에 배치된다. 사진은 풍향계가 약간만 확장되어 바람이 15노트(17mph) 미만임을 보여준다.

세상의 다양한 사회적 기표들

〈그림 4-6〉은 안전한 횡단을 위해 도로에 의도적으로 수많은 기표를 설치한 모습이다. 다양한 종류의 도로 선은 하나의 문화적 신호다. 사진은 영국 도로의 모습이기 때문에 영국의 교통문화에만 적용되는 것이고, 그 상황 안에서만 정확한 의미를 파악할 수 있다. 미국인

들은 도로에 그어진 지그재그 선의 의미를 모른다. 신호등의 색상조차 문화에 따라 다르다. 여기에서는 빨간색에 멈추고 초록색에 건넌다는 범용적인 기준을 따르면서도, 적색과 녹색을 구분하지 못하는 10% 정도의 적녹색맹자도 볼 수 있도록 약간 색상을 변형했다. 감각 심리학자나 인지과학자들은 잘 아는 사실이지만 초기의 교통신호 개발자들은 잘 모르던 사실이다.

울타리와 같은 물리적 장벽은 신호등이나 바닥에 칠해진 선과 같은 특수한 문화적 신호보다 행동을 더 제한하기 쉽다. 사진 속에도 한 보행자가 선을 무시하고 길을 건너고 있다. 도로 위 자동차의 주

그림 4-6 런던 거리의 기표들

보행자의 통행을 제한하는 울타리. 교통을 제한하는 차단 봉. 길을 건너기 전에 보행자에게 "오른쪽을 보시오"라고 상기시켜주는 표지판. 다양한 형태의 선들. 이런 여러 기표들에도 불구하고 무단 횡단을 하는 보행자.

행 위치 또한 임의적이고, 문화적이라는 점 또한 주목해야 한다. 영국은 도로 중앙선의 왼쪽으로 주행한다. 이는 대부분의 유럽 교통 체계와는 반대되는 것이다.

물론 사회적 기표가 올바른 행동을 강제할 수는 없다. 〈그림 4-6〉에서의 보행자는 적합한 횡단 장소를 가리키는 신호등 불빛이나 선과 같은 수많은 사회적 기표를 아무렇지도 않게 위반하고 있다. 사회적 기표는 관습처럼, 우리들에게 적절한 행동을 제안하고 도움을 주면서 올바른 선택의 자발성을 강조하지만, 때로는 법으로 엄격히 규정되어 경찰이나 법의 감시를 받기도 한다. 그러나 대부분의 사회가 기표를 약간 위반한 정도는 눈감아주는 경향이 있다. 기표가 요구하는 틀에서 살짝 벗어나 일탈한 보행자들이 모두 처벌받지는 않는다. 비슷한 수준에서 일탈한 자동차가 엄격하게 처벌받는 것과는 대조된다. 사회적 기표는 사회적 해석, 사회적 시스템, 문화적 구조에 따라 다르게 해석되기 때문이다.

게다가 사회적 기표는 사회적 지위 정도에 따라 더욱 민감하게 반응한다. 당신이 매우 격식 있는 식사에 초대된 보잘 것 없는 손님이라고 해보자. 테이블 위에 종류별로 다양한 칼, 포크, 숟가락이 놓인 이런 곳에서 포크 하나 잘못 집어 들기라도 하면 바로 당황할 수밖에 없다. 일반 식당이나 소풍을 가서 치킨을 손에 들고 먹는 것은 상관없지만 여기에서는 추방감이다. 그렇기 때문에 이런 환경에서의 적절한 행동은 주위 사람들을 둘러보고 그대로 따라하는 것이다.

그러나 당신이 저녁 식사를 주최한 주인이거나 매우 중요한 위치의 손님이라면 원하는 대로 해도 된다. 설령 샐러드를 손으로 집어

먹는다 해도 다른 손님들이 당신을 따라 할지도 모를 일이다. 나는 인터넷에서 '핑거볼 물 마시기'를 검색해본 적이 있다. 많은 사람이 손가락을 씻기 위해 제공된 핑거볼을 마시는 물이라고 생각해 창피를 당했다는 내용이 있었다. 영국의 빅토리아 여왕은 손님이 이런 실수를 저지르자 당황하지 않도록 그대로 따라 했다는 일화도 읽었다.

아마 빅토리아 여왕의 이야기는 거짓일 것이다. 서로 다른 문화적 지식이 어떻게 이야깃거리가 되는지를 보여주긴 하지만, 아마 사실 여부보다 재미로 전해지지 않았을까. 그럼에도 요점은 제대로 짚었다. 만약 어떤 사람이 모르고 핑거볼의 물을 마셨다면 다른 사람들은 그가 당황하지 않도록 주인에게 따라하라고 제안할지도 모른다. 일부러 겉으로라도 적당한 것처럼 만들자는 것이다. 우리는 누군가 문화 규칙에 어긋나는 행동을 했을 때 다른 사람들이 그 사람을 따라 함으로써 그 행동이 정상적이고 적합한 것처럼 보이게 할 수도 있다.

도로의 차선과 횡단보도는 모두 의도적이고 명시적인 사회적 기표들이다. 일단 한번 익숙해지고 나면 그것들은 쉽게 눈에 띈다. 도로 선을 칠하는 많은 노동자들이 있다는 사실이 그것을 증명한다. 물론 나는 그 기표들의 의미를 이해하는 사람의 수가 그것을 고안하고 설치한 사람의 수보다 적다고 생각하지만 말이다. 나는 이런 기표들을 공항에서, 공항의 활주로와 경사로에서, 호텔과 병원에서, 그리고 사람들이 반드시 그 선 안에 머물러 있어야하는 장소에서, 심지어는 수영장과 자전거 도로와 조깅하는 트랙에서도 발견한다. 의도적 기표들이 가장 발견하기 쉽다. 눈에 잘 띄어서 사람들의 행동을 안내하도록 고안되었기 때문이다.

애매한 규범과 잘못된 교육이 문화적 복잡함을 유발한다. 혹시 고급 레스토랑에서 자리를 비울 때 냅킨을 어떻게 두어야 하는지 알고 있는가? 나는 냅킨을 놓는 데에도 엄격한 행동 규칙이 있다는 것을 알게 되었다. 이 재미있는 한 토막의 이야기는 '오프라 매거진The Oprah Magazine'이라는 웹사이트에서 찾았다.

의자에 앉은 후 무릎 위에 냅킨을 놓으십시오. 만약 식사 중에 자리를 뜰 일이 있다면 냅킨을 의자 위에 접거나 편 채로 두고 의자를 안으로 밀어 넣으십시오. 식사를 마친 후에는 냅킨을 접어서 그릇 왼쪽에 두십시오. 이것은 당신의 식사가 끝났으니 치워 달라는 신호입니다.

이것은 명백한 신호를 보낼 뿐만 아니라 신호의 사회적 본성까지 잘 보여주는 의도적이고 명시적인 사회적 기표의 훌륭한 사례다. 하지만 손님 중 이 식사 예절을 아는 사람이 몇이나 될까? 레스토랑 종업원들은 알고 있을까? 나도 이 내용을 쓰려고 웹사이트를 찾아보기 전까지는 전혀 몰랐다. 아무리 의도적이고 노골적인 사회적 기표라도 그것과 밀접하게 연관된 사람들이 함께 알아야 제대로 작동할 수 있다.

만약 의도적이고 명확하게 규정된 사회적 기표도 문제가 될 수 있다면 의도적이지만 눈에 보이지 않는 기표는 어떨까? 줄 서서 기다리는 행위를 생각해보자. 이것은 명시적이지 않은 사회적 기표다. 줄이라는 것은 여러 문화권에서 무언가에는 순서가 있음을 뜻하는 것이고, 줄은 그에 대한 행위의 고의적 기표다. 그래서 새치기가 허용되지 않고, 위반한 사람은 지체 없이 비난 받고 다시 맨 뒤로 가야 한다. 어떤 문화권에서는 앞자리에 친구들을 끼워줄 수 있지만, 어떤 문화권에서는 안 된다. 또 어떤 문화권은 순서대로 줄을 서지 않는다.

나는 여러 나라의 유럽인들이 놀러 오는 프랑스의 놀이 공원에서 이 무언의 사회적 기표를 둘러싼 문화적 충돌을 목격한 적이 있다. 어떤 나라 사람들은 순서에 맞춰 인내심 있게 기다리는 반면, 다른 나라 사람들은 최대한 빨리 돌진해서 앞쪽으로 갔다. 공원 직원들은 이들 사이의 충돌을 막기 위해 끊임없이 경고해야 했다.

한눈에도 명백한 의미를 보이는 기표라도 전혀 상관없는 곳에서 발생하면 잘못 해석할 수 있다. 우리가 일상에서 자주 오해하는 기표 중 하나가 막히는 고속도로에서 자동차들이 속도를 낮추거나, 심지어는 멈춰서는 경우다. 대부분의 사람들은 자동차의 속도가 줄어들면 앞쪽에 사고 같은 문제가 일어나 도로가 막힌 것이라고 생각한다. 하지만 이것은 잘못된 기표일 수 있다. 실제로는 차량과 전혀 관계없는 사건으로 도로는 정체되기도 한다.

차량과 관련 없는 사건이 자동차를 멈추게 한다는 건 무슨 소리인가? 어떤 집에 불이 났다고 해보자. 인근의 고속도로에서 달리는 자동차들의 운전자들은 그 광경을 잠시라도 보려고 속도를 낮춘다. 뒤따르던 차는 충돌을 피하기 위해 자동차 속도를 줄여야 한다. 그 뒤에 자동차도 연달아 속도를 늦춘다. 그 뒤의 또 다른 운전자가 속도를 낮춰야 한다고 인식하기까지는 어느 정도 시간이 걸리기 때문에 정체는 계속 늘어난다. 그 결과, 교통공학자들도 잘 알다시피 불이 난 지점부터 뒤로 갈수록 정체가 확장되고 느릿한 자동차 행렬은 길어진다.

마침내 불이 난 곳에서 엄청나게 먼 수십 킬로미터, 수십 마을 떨어진 거리의 자동차까지 멈춘다. 운전자들은 '사고가 난 게 틀림없어.'라고 생각하며 이 정체 현상을 앞에서 심각한 문제가 생겼다는 기표로 받아들인다. 이것이 잘못된 기표다. 이것은 돌발 행동의 한 가지로, 교통공학자들이나 교수들이 자주 언급하는 예시다.

하지만 이렇게 모호하고 잘못된 사회적 기표라도 세상이 돌아가는 원리를 파악하는 소중한 단서가 될 수 있다. 사회적 기표는 때로는 직접적으로, 때로는 의도하지 않은 부차적인 결과물을 통해 우리가 복잡한 세상을 이해할 수 있게 도와주는 강력한 도구다. 그래서 우리는 다른 사람들의 행동을 관찰하면서 어떻게 행동해야 할지를 배우는 것이다.

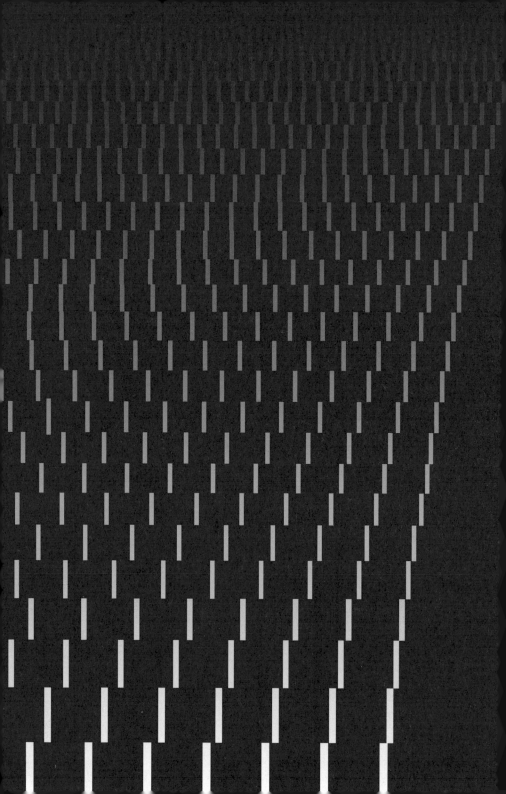

5장

사람을 도와주는
디자인

사람을 위한 디자인

한번은 빌딩 로비를 걸어 나오는데 어떤 여자가 "멍청한 기계!"라고 소리치는 것을 들었다. 여자는 주차장에서 나가려던 참이었다. 그러기 위해 주차장으로 이어지는 엘리베이터 옆에 설치된 기계에서 먼저 주차비를 계산해야 했다. 기계에 주차 카드를 넣으면 주차 요금이 얼마인지 기계가 알아서 계산한다. 현금이나 카드로 결제 후, 계산이 완료되면 영수증이 출력된다. 이후 15분 동안은 추가 요금 없이 자동차를 꺼낼 수 있다.

여자는 주차 카드를 넣고 계산을 했지만 영수증이 나오지 않았다. 나갈 때 영수증이 필요한데 말이다. 이 상황에서 도움 받을 방법

그림 5-1 멍청한 기계
음성 안내와 화면의 지시에 따라 작동하기만 하면 되는 주차 정산 기계. 평소에는 친절하게 들리던 안내음성이 오류에 부딪히면 소음만을 내뱉는다.

도 없었다. 여자의 입장에선 하라는 대로 했을 뿐인데 다음 단계가 진행되지 않는 것이다. 그녀가 할 수 있는 것이라곤 "젠장! 멍청해!" 라고 중얼거리며 기계를 발로 차는 것뿐이다. 다시 버튼을 누른다. 기계는 "지잉"하고 대답한다. 왜 영수증을 안 주냐고 소리치면서 이 버튼 저 버튼을 눌러보지만 계속 "지잉지잉"할 뿐이다. 〈그림 5-1〉이 바로 그 기계다.

기계가 바보같이 작동하는 건 어쩔 수 없다. 기계는 기계일 뿐이니까. 무엇을 더 바랄 수 있나? 아무리 '지능적인' 기계라도 인간의 기준에 비하면 전혀 영리하지 않다. 기계는 현재 상태나 상황을 이해하지 못한다. 기획자나 디자이너가 설계한 대로만 작동하기 때문이다. 이 말은 예상을 벗어난 일에는 대처하지 못한다는 뜻이다. 하지만 생각지도 못한 일은 반드시 일어나게 마련이다. 주차 요금 무인 정산기를 만든 사람도 이 문제를 알았던 것 같다. 그래서 기계 오른쪽에 '도움'이라는 큰 버튼을 달아 놓았다. 버튼을 누르면 사람이 큰 소리로 응답한다. 필요하면 3층에서 담당자가 내려와 이 상황에서 구해주기도 한다.

기계는 일상의 반복되고 자잘한 일을 도맡음으로써 우리를 편하게 해준다. 주차 계산기도 그러하다. 정산기가 제대로 작동하기만 한다면 낮이건 밤이건 커다란 주차장(12층짜리)에서 쉽게 자동차를 넣을 수도, 뺄 수도 있다. 문제는 기계가 정상적으로 작동하지 않을 경우다. 이 경우, 기계는 그저 복잡함을 가중시키는 존재다.

진짜 복잡한 문제에 대처하지 못하는 기계는 우리 삶을 더욱 복잡하게 만들 뿐이다. 이런 복잡하고 예측 불가능한 상황을 다루는 기계를 디자인 하는 것은 앞으로도 상당한 시간이 걸릴 일이다. 그러나 이 문제를 해결 할 수 있는 일은 지금도 많다. 한가지 현명한 방법은 주차 정산 기계가 했던 방법대로 하는 것이다. 바로 사람에게 도움을 요청하면 된다. 그러나 문제는 이런 기계를 디자인하는 디자이너들의 철학에 있다. 자신이 디자인하는 기계를 이용하는 사람의 입장이 되어 보지 않는다는 것이다. 이것은 극복해야 하는 문제다.

기획자와 디자이너들은 모든 것이 제대로 작동한다는 가정 하에, 고객이 의도한 대로 행동하는 것에만 초점을 맞춘다. 물론 정상적으로만 작동하면, 기계는 일하고 고객은 만족한다. 기계가 오류를 일으킬 수도 있다. 사람도 자주 실수를 하니 그걸 문제 삼고 싶지는 않다. 그러나 사람은 문제가 생기면 사과하고 오류를 파악해 바로잡으려 노력한다. 그렇다면 기계는? 기계는 고객이 무언가에 막혀서 요청에 응할 수 없다는 깃을 일지 못한다. 문제가 생긴 것을 모르기 내문에 다음 단계를 요청할 것이다. 기계에 어떤 요소를 반영해야 하는지 생각해 볼 부분이다.

사회적 디자인에 집중하라

엔지니어들은 논리적이고 이성적인 관점으로 세상을 바라본다. 그들의 관점이 디자인의 중심이 되면서 상황은 더욱 심각해졌다. 이들은 전혀 문제없는 디자인에 사람이 끼어든 것으로 여긴다. 나는 엔지니

어들끼리 이렇게 얘기하는 것을 들었다. "이런 사람만 없다면 기계가
잘 작동할 텐데 말이야." 프로그래머, 엔지니어, 시스템 관리자처럼
기계를 제작하는 사람들에게서 종종 이런 마음가짐을 발견한다. 그
들은 인간의 실제 행동을 반영해야 하는 디자인을 가리켜 '풀 프루
프fool proof'나 '이디엇 프루프idiot proof'라고 부른다. 풀 프루프는 사용
자가 잘못 조작해도 이것 때문에 전체에 고장이나 재해가 일어나지
않도록 하는 설계이고, 이디엇 프루프는 다루기 쉬운 기계를 뜻한다.

전화를 걸었는데 아무 소리도 들리지 않은 적이 있는가? 그럴 때
우리는 전화를 끊고 다시 건다. 너무 조용해서 전화가 제대로 연결이
된 건지 알 수 없다고 불평을 하면 엔지니어들이 짜증을 낸다. "졌다,
졌어. 전화 회선이 시끄럽다고 불평해서 기껏 조용하게 만들어 놨더
니 이제는 그것을 불평하네."하고 말한다. 그래서 회선을 완전히 조
용하게 만들었던 엔지니어는 다시 소음을 집어넣는다. 그들은 이를
두고 '위로 소음'이라고 부른다. 사실 이것은 모욕적인 표현이다. 나
는 이것을 '의미 있는 피드백'이라고 부르겠다. 이것은 위로가 아니라
필수적인 것이기 때문이다.

'컨피던스 모니터confidence monitor'라는 말을 들어본 적이 있는가?
수많은 대중 앞에서 강연할 때 강연자는 보통 청중들을 마주 보고
선다. 하지만 빛이 너무 밝아서 청중들의 모습은 보이지 않는다. 그리
고 준비한 화면이나 영상을 보려고 뒤돌아서면 이제 뒤쪽 어딘가에
서 들어오는 빛 때문에 제대로 확인할 수가 없다. 강연자들은 무슨
내용인지 자신들도 봐야 한다고 불평한다. 경험이 많지 않은 강연자
들은 화면을 보기 위해 청중들에게 등을 보이고 발표한다. 발표시간

내내 화면에 대고 말하는 셈이다.

간단한 해결책이 있다. 모니터를 강연자 앞에 설치하면 된다. 그럼 강연자는 청중들을 볼 수 있고, 화면에 나오는 이미지가 제대로 된 것인지도 확인할 수 있다. 이 방식은 대규모 전문 프레젠테이션이 많이 개최되는 곳에서 일반화되었다. 때로는 강당 바닥이나 무대 바닥에, 또는 청중석 첫 번째 열 바로 앞에 설치하기도 한다. 강당 뒤쪽에 있는 큰 화면에 슬라이드를 비추는 프로젝터도 있다. 이것은 청중들이 보는 것을 강연자들도 볼 수 있게 만든 소중한 피드백의 결과물이다.

아직 해결되지 않은 문제가 있다면 강연자들이 기계를 다루는 데 자신 없어 한다는 것이다. 우리는 강연장에서 화면이 제대로 보이지 않거나, 영상이 작동하지 않는 경우를 너무 자주 본다. 나는 강연을 할 때, 애당초 모든 사진이 화면에 제대로 나올 것이라고 믿지 않는다. 영상을 재생하는 것은 아예 포기했다. 연습 때만 잘 작동하기 때문이다. 실제로 프레젠테이션하는 자리에서는 꼭 화면이 튀거나 깨진다. 음, 그러고 보니 나도 자신감이 필요하다. 기계가 제대로 작동할 것이라는 자신감 말이다. 이를 확신이라고 부르고 신뢰라고 하자.

나는 사람과 관료주의, 사람과 기계, 사람과 사람 사이에서 일어나는 커뮤니케이션 실수나 잘못된 상호작용의 예를 수도 없이 보았다. 원인은 디자이너의 중요한 자격 중 하나인 '사회적 규칙'에 대한 인식이 부족한 데 있었다. 이런 일련의 경험으로 나는 디자이너에게 '사회적 디자인'이란 새로운 마음가짐이 필요하다고 확신하게 되었다.

아무리 똑똑하고 의도가 좋아도 엔지니어와 프로그래머는 기계의 관점에서 바라볼 수밖에 없다. 이들은 시스템을 사용하는 평범한 일반인과는 달리 복잡한 기계의 내부 작동에 대해서 아주 잘 알고 있다. 이들의 능력과 성과 덕분에 기술 커뮤니티는 급속도로 확장되고 발전했다. 다음 단계는 평범한 사용자의 상황을 이해하는 것이다.

나는 디자인과 기획이 발생되고 구현되는 이 전장戰場을 인간의 언어와 순종, 인내가 가득한 장場으로 변화시킬 것을 제안한다. 디자이너에게는 새로운 개념일 수도 있겠지만 익숙해지면 쉽게 이해된다. 엔지니어, 프로그래머, 동료 디자이너에게 순종적인 시스템, 참을성 있는 시스템을 만들어 달라고 요청하자.

"우리는 지금처럼 기술을 받아들여야 한다. 그러나 이제는 기술이 우리를 받아들여야 할 차례다."

나는 소득세와 관련된 세금 프로그램 앱의 새 버전을 만드는 회사의 컨설턴트로 일할 때 이 개념을 시도해보았다. 기존 앱은 다양한 규칙을 알아야 했고, 불필요한 요구 사항이 있었으며, 통일되지 않은 수많은 양식에 전문가들도 어려워했다. 우리는 이 프로그램에서 사용자로 하여금 자신감과 확신을 주려고 노력했다. 우선 필요한 정보를 원하는 순서로 입력할 수 있게 했다. 아직 준비되지 않은 단계는 건너뛸 수 있게 만들었다. 수행한 작업이나 예상 결과는 모두 시각적으로 확인할 수 있게 했다. 그리고 왜 이 단계가 필요한지, 문제가 있으면 어떻게 해야 하는지를 설명하는 버튼도 눈에 띄는 곳에 만들어두었다.

이 세금 프로그램은 회사의 사정으로 아주 잠깐만 운영되었다.

하지만 운영되는 동안에는 쉽고 편안한 접근 방식으로 꽤 높은 평가를 받았다. 이것이 내가 처음으로 시도한 사회적 디자인이었다. 당시 나의 클라이언트는 '감성적인 디자인'이라고 불렀다.

여기에서 배운 교훈은 인간과 기술의 상호작용을 사회화시켜야 한다는 것이었다. 인간에게는 사회적 기계, 기본적인 커뮤니케이션 방법, 그리고 기계를 다루는 규칙이 필요하다. 기계는 기본적으로 사람을 배려하고 그들의 관점을 이해하며, 무엇보다 지금 무슨 일이 일어나고 있는지 누구나 알 수 있도록 작동해야 한다.

기계가 짜증을 부르고 기계가 잘못을 한다

우리 집 사무실에서 파일을 백업하고 있을 때였다. 혹시 모를 기술상의 오류를 예방하는 또 다른 기술을 사용하는 일이었다. 컴퓨터에 이상이 생기거나, 지진, 불이 났을 때를 대비해 나의 소중한 파일들을 보호하려는 조치였다. 내가 사용하는 '모지Mozy'라는 이름의 백업 프로그램은 나 대신 열심히 일하고 있다는 것을 알려주기 위해 지속적으로 리포트를 보내준다고 했다. 그리고 예상치 못한 문제로 나의 소중한 원고에 문제가 생기지 않도록 필수적인 일을 처리한다고도 했다.

이 프로그램은 제일 먼저 나의 파일을 스캔한 후 안전한 위치의 서버와 원격으로 연결한 다음, 자신이 처리하고있는 일 모두를 나에게 알려준다. 때때로 '레티큘레이팅 스플라인reticulating splines'이라는 메시지도 보여주었다. 나는 당혹스러울 정도로 전문적인 이 용어를 들으면 이상하게도 안심이 됐다. 마치 복잡한 일일랑 모두 이 전문가에게 맡겨두라고 말하는 것 같았다. 전문가는 전 세계에 퍼져 있는 서버 클라우드 어딘가에 위치한 신비의 '서버'와 커뮤니케이션하는 내 컴퓨터 프로그램을 말한다. 나는 우리 집이 불타 없어져도, 캘리포니아가 심한 지진으로 바다에 잠겨도, 내 데이터가 안전할 수 있도록 이 프로그램이 원격으로 열심히 일한다는 사실만 알면 된다.

그런데 '레티큘레이팅 스플라인'은 대체 무슨 뜻일까? 프로그램 설명서에는 나와 있지 않았다. 인터넷에 들어가 검색했더니 4만 건이나 되는 결과가 나왔다. 결국 레티큘레이팅 스플라인은 프로그램을 만든 내부인의 장난으로 밝혀졌다. 게임 개발자인 윌 라이트Will Wright는 이 구절이 '단지 멋져 보여서' 컴퓨터 게임 '심시티 2000'에 넣었다고 한다. 그때부터 이 구절이 게임에서 나타나기 시작했고 여러 단계를 거쳐 모지 프로그램에도 들어간 것이다. 마치 기술이 "당신의 보잘 것 없는 두뇌를 귀찮게 하지마. 성가신 개념들은 내가 생각할 테니까"라고 생색내며 말하는 듯하다.

우리가 생활의 많은 부분에서 사용하는 기계와 시스템은 이해하기 어려운 것들이다. 인터넷 뱅킹, 무역 관리, 항공권 예약, 또는 공항 시스템과 같은 규칙은 너무 복잡해서 한 사람이 완전히 터득할 수 없을 정도다. 가정용 컴퓨터의 운영체제는 약 1억 개의 독립된 명령 행lines of commands들로 이루어져 있다.

인간만 기술을 이해하지 못하는가? 기술도 인간을 이해하지 못한다. 기술은 이해하려고 조차 안 한다. 무언가 잘못되고 있는데도 다른 정보가 없으면 어떤 일이 일어나고 있는지 모른다. 기술의 세계는 상당히 사회성이 떨어진다. 나는 이 분야의 세계적인 리더들조차 정보 부족으로 비교적 간단한 문제도 해결하지 못하는 것을 보았다.

물론 엔지니어들은 기계에 지능을 부여하기 위해 열심히 노력하고 있다. 하지만 아직은 역부족이다. 지금과 같은 상황에서 가장 신경 써야 할 것은 지능이 아니라, 매너다. 이 짐을 짊어져야 할 대상 역시 기계가 아니라 디자이너다. 왜냐하면 제품에 지능, 예의, 공감 능력, 이해심을 심는 것은 디자이너와 엔지니어의 몫이기 때문이다. 물론 기계와 매일 상호작용하는 우리 같은 사람들이 보는 것은 기계이지 그것을 만드는 사람이 아니다. 우리가 이해심이 부족하다고 여기는 것은 기계다. 기계가 짜증을 부르고, 기계가 잘못을 한다.

간단한 것을 복잡하게 만드는 훼방꾼

사람들은 높은 차원의 목표를 달성하기 위해 단계별로 여러 가지 일을 한다. 하나의 활동을 구성하는 개별적인 과제들은 그 목표에 다가가기 위한 단계의 일부다. 예를 들어 친구들과 즐거운 저녁 시간을 보낸다는 목표를 최우선으로 가정해보자. 우선 저녁 식사를 대접하고 준비해야 하는 활동이 들어간다. 음식 준비는 다시 더 낮은 차원의 다양한 활동들로 나뉘고, 또 그 안에 더 낮은 단계의 과제들이 들어간다. 음식 준비의 부차적인 목표로 채소를 다듬어야 하고, 다시 그것의 부차적인 목표로 칼을 갈아야 한다. 하지만 이런 모든 활동들은 즐겁고 사교적인 저녁 시간이라는 최상위의 목표에 비하면 중요도가 떨어진다.

우리의 최종 목표는 최상위 목표를 달성하는 것이다. 이때 필요한 도구나 프로그램을 사용하는 데에는 전문성이 필요하다. 중요한 목표 자체를 위한 도구는 없고, 그 안의 작은 구성요소를 위한 도구만 있다. 높은 차원의 목표와 구체적인 과제를 위한 도구들이 여러 개로 나뉘었다고 해서 어렵게 느낄 필요는 없다. 왜냐하면 사용법이 안정적이고 이해할 만한 것들이기 때문이다. 사람들은 자신이 사용하는 도구나 프로그램의 움직임을 예측하면서 낮은 차원의 과제들이 높은 차원의 목표에 도달할 수 있도록 가장 큰 목표와 하위 단계를 위한 도구의 역량 사이의 거리를 메워간다.

그런데 똑똑한 도구들이 나오면서 문제가 생겼다. 사람들이 기계에 거는 기대치가 지나치게 높아진 것이다. 결국 자신의 기대와 기계의 실제 능력 사이의 부조화를 깨달은 사람들은 사용하는 중간에 최종 목표를 수정하거나, 중간 단계를 바꾼다. 때로는 상위와 하위 단계의 순서를 무시하기도 한다. 하지만 기계는 인간의 임기응변과 같은 사회성이 없다. 오직 입력된 프로그램에 따라 행동하기 때문에 이런 변화를 처리하지 못한다. 결국 사람들의 요구에 제대로 된 즉각적인 대응을 하지 못하고 프로그램에 갇힌 도구들은 불편한 애물단지로 전락하기 쉽다. 따라서 사용자의 혼란을 방지하려면, 낮은 차원의 과제뿐 아니라 높은 차원의 활동도 지원할 수 있도록 발전된 기술에 맞춘 사회적 디자인이 필요하다.

이 외에도 다른 문제가 있다. 바로 간섭이다. 다시 말하지만 대부분의 프로그램은 다른 과제가 중간에 끼어들지 않고 정해진 프로세스에 따라 주어진 임무를 마치는 것을 기본으로 한다. 하지만 우리네 삶에는 끊임없이 다른 일이 끼어든다. 친구, 동료, 상사의 간섭은 일상적이다. 사생활도 중요하니, 활동을 하는 중에 친구들이나 가족들과 대화도 나눈다. 시간이 오래 걸리는 활동 사이에는 휴식을 취하기도 하고 음식을 먹거나, 오늘은 그만하자며 중간에 중단하기도 한다. 우리는 생각보다 자주 멀티태스킹을 한다. 대부분의 활동은 여러 개의 동시 다발적인 요소로 구성되는 한편 잦은 방해를 받는다.

이런 간섭은 우리에게 정신적인 부담으로 작용한다. 예를 들어, 책을 읽는 도중에 어떤 방해가 있었다면 읽었던 자리를 찾아야 하고, 다시 읽기 위해 정신을 가다듬어야 한다. 프로그램 개발이나 글쓰기, 디자인과 같이 고도의 집중력이 필요한 정신적인 활동이라면 간섭의 문제는 훨씬 심각하다. 간섭이 심각한 인지적인 부담을 주고 과제를 비효율적으로 수행하게 한다는 것을 밝힌 심리학 연구결과도 수없이 많다. 과제 수행에 대한 어느 조사는 간섭이 실수를 유발시킨다는 것도 밝혀냈다. 자신의 행동이 목표를 향해 어디쯤 도달했는지를 잊어버리는 것이다. 그래서 이미 수행한 작업을 반복하거나 아직 하지 않은 단계를 생략한다. 두 가지 모두 심각한 결과를 부를 수 있다. 게다가 작업 도중에 방해를 받으면 다시 시동이 걸리는 시간 때문에 완료 속도가 느려진다. 따라서 어떤 간섭도 받지 않았을 때보다 완료하는 데 걸리는 시간이 훨씬 더 길어지게 된다.

많은 산업 현장에서 이러한 간섭은 치명적인 결과를 낳는다. 이런 문제를 피하고자 비행기 조종사들은 조종실에서 잡담을 나눠서도 안 되고 가장 집중해야 하는 이륙이나 착륙 시점에 다른 승무원과 접촉하는 것이 금지되어 있다. 조속한 조치가 필요한 응급상황이 일어나는 의료 현장에서도 마찬가지다. 일련의 행동의 흐름 속에 끼어 든 몇 가지 작업이나 질문은 그 자체로는 간단하게 해결되지만 쌓이게 되면 실수를 부를 확률이 높다.

기술이 우리의 일상생활에 깊숙이 들어오면서 이런 간섭의 빈도가 잦아지고 있다. 따라서 아주 간단한 작업조차 복잡해지고, 실수가 증가하며, 효율성이 떨어진다. 일상의 스트레스와 혼란도 가중된다.

그럼 이 문제를 어떻게 헤쳐 나가야 할까? 간섭을 통제할 수 없다면 우리가 간섭받은 자리를 기억할 보조 장치가 필요하다. 자동 위치 저장 기능 등이 그것이다. 작업자가 그 활동을 잠시 멈췄다가 다시 시작했을 때 조금 전까지 무엇을 했는지, 지금 무엇을 해야 하는지, 현재 어떤 상태인지를 쉽고 빠르게 기억하게 해주는 장치다. 만약 정전이 되더라도 이전으로 되돌아갈 수 있도록 모든 중요 정보가 저장되어야 한다. 또한 하나의 활동에 사용된 기계가 다른 활동에도 적용될 수 있도록 손쉬운 변환이 이루어져야 한다. 원래 활동으로 돌아가기 쉬워야 하고, 떠난 시점부터 계속 이어서 할 수 있어야 한다.

사용 패턴을 무시하는 것도 복잡함을 불러일으킨다. 이는 간단하고 아름다운 것도 혼란스럽고 추하게 만든다. 겉모습은 중요하다. 모든 사물은 환경의 일부다. 하지만 디자인은 그 사물의 환경적, 사회적 영향력에 대해 전혀 관심이 없다. 그것은 실제 사용 패턴이나 환경, 사용자의 입장을 떠나 마치 외딴 섬처럼 디자인된다.

건축이나 인테리어 잡지에 나오는 빌딩, 사무실, 집의 사진에는 흠집 하나 없다. 부적절한 것도 없다. 잔디는 잘 손질되어 있고 도로는 잘 정비되어 있다. 책상 위에는 종이도 어질러져 있지 않고 말끔히 정리되어 있다. 부엌의 싱크대 위에는 과일 바구니가 있고 지저분한 그릇도 없다.

제품을 사용하는 실제 상황이나 환경을 무시하는 것은 디자인 실력을 겨루는 과정에서도 마찬가지다. 나는 아주 창의적인 디자인 작품들이 완벽한 환경에서 재현되는 여러 디자인 경연대회의 심사위원이기도 하다. 그곳에는 전기선도, 플러그도, 사람도, 주변 활동도 없다. 나는 실제로 사용되는 기기처럼 다양한 보조 도구와 함께 파워코드, 스피커 선, 네트워크 연결까지 모든 것을 그대로 재현해 직품을 제출하는 것으로 규칙을 바꿔보려고 노력했다. 다른 심사위원이 인내심 있게 내 말을 듣고는 애써 미소를 지었다. 달라진 것은 없었다.

디자이너는 제품의 앞면에는 심혈을 기울이기 때문에 외형은 아름답고 세련되어 보인다. 반면 뒷면은 완전히 무시한다. 아름다운 앞면은 그 기기를 이용하는 사람만 본다. 방문자, 클라이언트, 고객, 친구, 가족들은 모두 뒷면을 봐야 한다. 동물이든 기술이든 뒤쪽은 아름다움과 거리가 멀다.

사용 패턴을 무시하면 간단하고 매력적인 것도 복잡하고 추한 것으로 변모한다. 개별적으로는 간단한 디자인 요소들도 모두 합치

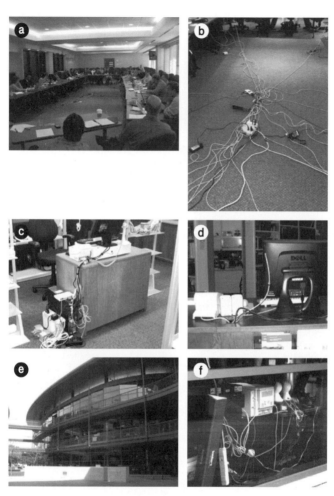

그림 5-2 친숙하지도 편리하지도 않은 혼잡함

사진 ⓐ와 ⓑ는 워싱턴 DC 외곽의 국립과학재단National Science Foundation에서 열린 디자인 컨퍼런스의 모습. 사진 ⓑ에서 볼 수 있듯이 한데 얽힌 멀티 탭 선들을 사이에 두고 우아함과 아름다움을 논했다는 아이러니가 있었다. 사진 ⓒ는 캘리포니아 주 팔로알토Palo Alto에 있는 은행. 사진 ⓓ는 노스웨스턴대학교의 공학도서관. ⓔ는 스탠퍼드대학교 제임스 클라크 센터의 멋진 외관이지만 방문객이 창문을 들여다보면 ⓕ와 같은 추한 모습을 볼 수 있다.

면 분노할 정도로 정신없어진다. 〈그림 5-2〉를 보라. 보기에 흉할 뿐만 아니라 때로는 잘 닿지 않는 곳에 있는 전기선 뭉치 때문에 선을 연결하거나 분리할 때마다 어려움을 겪는다.

희망선을 찾아서

공원이나 대학 캠퍼스를 걷다 보면 잔디밭, 심지어는 화단에도 사람들이 지나다니면서 자연스럽게 만들어진 길을 볼 수 있다. 이런 길은 사람들의 바람이 설계자의 목적과 부합하지 않았음을 제대로 보여주는 사회적 기표다. 사람들은 정원을 가로지르거나 언덕 위를 오르내려야 하더라도 최대한 긴 코스 대신 짧은 코스를 택해 빨리 지나가기를 원한다. 〈그림 5-3〉을 보라.

반면 조경사나 도시계획가들은 그들이 설계한 길이 무참히 파괴되는 것을 보며 분노한다. 누군가는 자신이 신중히 설계한 계획을 생각 없고 게으른 사람이 짓밟는다며 비난한다. 이는 이상적인 길을 반영한다는 의미에서 '희망선(비공식적 보행자도로)'이라고 불린다. 현명한 도시계획가라면 이 희망선에 담긴 메시지에 귀 기울여야 한다. 희망선이 디자이너의 아름다운 계획을 파괴한다는 것은 곧 그 디자인이 사람들의 욕망을 반영하지 않는다는 반증이다.

대학 캠퍼스에서는 이런 희망선을 따라 보도를 만드는 것이 일반적인 관행이라고 한다. 건물을 세운 후, 1년 정도 지날 때까지 보도

그림 5-3 희망선

도시가 그림 ⓐ에 표시된 보도를 나타내는 회색 영역과 같은 직사각형 경로를 제공하면, 사람들은 모서리를 가로지르는 점선으로 표시된 지름길을 사용한다. 사진 ⓑ에서 그 예를 볼 수 있다. 사진 ⓒ는 인도를 간절히 원하는 흔적을 보여준다. 사진 ⓓ는 공식적인 길이 없는 경우에도 사람들이 합리적으로 보이는 길을 만들기 위해 서로를 안내하는 모습이다. (ⓐ는 저자의 것이며, ⓑ와 ⓒ는 일리노이 주 에반 스톤에서 저자가 직접 찍은 사진들이고, ⓓ는 UC 버클리 대학교의 케빈 폭스가 찍은 것을 허가를 받아 사용한 것이다.)

를 만들고 있지 않다가 건물 사이의 공간에 사람들이 지나다니는 길이 생기면 그 길을 따라 보도를 만든다는 것이다.

나는 이 이야기를 자주 들었지만 설마 진짜일까 의심스럽다. 이렇게 사려 깊고 인간 중심적인 계획이 과연 실행 가능할까. 이런 관행은 여러 이유로 불가능해 보인다. 대학은 공사를 시작하면 최대한 빨리 끝내고 건물에 들어가고 싶어 한다. 더구나 보도를 만들지 않으면 질퍽거리는 길을 1년 가까이 참아야하는 사람들의 불평이 쏟아질 것이다. 마지막으로 보도를 내는 것까지 포함한 공사 예산이 프로젝트 완료 후 1년 뒤까지 남아 있을 리 없다. 가구도 마찬가지다. 새 건물이 들어서면 대학은 한 번만 기자재를 구매할 수 있도록 예산을 짜기 때문에 그 해 안에 반드시 사야 한다. 미래의 확장을 대비해 일부러 공간을 넉넉하게 설계해서 빈 공간이 생길지라도 앞으로 맞이할 실질적인 사용자가 무엇을 원하는지도 모른 채 예산 집행 기한 내에 가구를 구매해야 하는 것이다.

영국에서 조경 사업을 하는 필립 보이스Philip Voice의 블로그 '랜드스케이프주스Landscapejuice'에는 다음과 같은 글이 있다.

아마도 보도는 희망선에 따라 만들어질 것이다. 하지만 그렇게 하려면 말이 안 통하는, 꽉 막힌 관료주의와 맞서 싸울 각오를 해야 한다.

어떤 도시계획가들은 미적으로 완벽한 설계를 무시하는 사람들의 행위에 분개한다. 어떤 성난 설계자는 사용하라고 만들어 놓은 길 대신 가깝게만 가려고 하는 심하게 게으른 사람들이 문제라고 비난한다. 그는 이것을 '도시의 오점'이라고 불렀다. 이렇게 귀찮아하는 사람들에게는 맞춰주지 말자고 한다. 장애물을 설치해서라도 그들이 억지로 따르게 하자는 것이다.

이를 해결하기 위해 직선 경로를 만들거나 아니면 보행자가 정해진 길만 이용할 수 있도록 쉽게 넘어갈 수 없는 방해물을 설치한다. 그런 방해물로 울타리, 나무, 연못 같은 것들을 들 수 있다. 가장자리, 또는 식물을 활용하는 방법도 있다. 화분도 그런 조치 중 하나다.

보이스의 짜증을 이해할 만하다. 많은 사람이 비슷한 감정을 느껴봤을 것이다. 사람들은 빠른길을 찾아 잔디나 심지어 화단을 가로지른다. 많은 사람들이 공공장소를 사용하기 시작하면 그 장소가 온전히 유지되기는 힘들다. 빌딩 입주자들은 햇빛을 차단하기 위해 창문에 도화지나 신문, 포스터 등을 붙이기도 한다. 벽이나 캠퍼스의 길을 따라 포스터, 간판, 공지문이 덕지덕지 붙는다. 맞다. 이런 행동은 디자이너가 의도한 고상함을 파괴한다. 하지만 디자이너는 사람들의 행동에 짜증을 부리기 전에 이런 반응을 유도한 자신의 사회성 부족을 반성해야 한다.

사람들은 왜 굳이 잔디나 화단을 가로지르겠는가? 그들이 필요로 하는 곳에 보도나 길이 놓이지 않았기 때문이다. 왜 빌딩 입주자들이 창문을 가렸을까? 그렇지 않으면 햇빛 때문에 업무를 보기 힘들기 때문이다. 컴퓨터 화면도 안 보이고 실내가 더워진다. 왜 간판이 여기저기 붙어 있는가? 필수적인 무언가를 설명해줄 간판이 없기 때문이다. 간판은 공지를 걸어 둘 다른 좋은 장소가 없을 때 사물을 어떻게 이용해야 한다거나, 어떤 것이 안 된다거나, 아니면 행사를 알릴 때 긴요하게 쓰인다.

희망선은 사람들이 실제로 어떻게 행동하는지를 보여준다. 희망선을 소중한 지침으로 받아들이고 그에 맞춰 길을 바꾸는 것은 어떨까? 사람들의 삶에 불필요한 혼란함을 가중시키지 말고 말이다.

희망선은 게으름의 표시인가? 물론이다. 하지만 게으름은 '에너지 최소화'라고 부르는 물리학의 기본법칙이다. 모든 물리적인 시스템은 에너지 소모를 최소화하는 상태를 지향한다. 사람도 다르지 않다. 예술을 목표로 하는 것이 아닌 이상 공공장소는 사람을 위한 곳이다. 인간 중심 디자인과 사회적 디자인에는 그 사물을 이용하는 사람이 진정으로 필요로 하고 원하는 것을 고려해 그들에게 도움을 줘야 한다는 철학이 깔려 있다.

원래 '희망선'이라는 단어는 사람들이 가장 효율적인 경로를 추구하며 만든 길을 의미한다. 하지만 이것은 사람들의 자연스러운 행동을 가리키는 지침으로 확장될 수 있다. 영국의 사용자 경험 디자이너인 칼 마이힐Carl Myhill 은 사람들이 제대로 작동하지 않는 잘못된 시스템을 사용할 때 희망선과 비슷한 흔적을 남기는 것을 발견했다. 길에 난 바퀴자국, 벤치나 계단의 닳은 자리, 디자이너가 의도하지 않은 곳에 정보를 채운 양식과 같은 것이다. 마이힐은 사람들을 관찰하면 디자이너의 의도와 사용자의 행동이 일치하지 않는 부분을 볼 수 있고, 이는 소중한 디자인 정보가 된다고 말한다.

희망선은 바람직한 행위를 보여주는 중요한 기표다. 현명한 기획자와 디자이너라면 이 기표에 주의를 기울이고 적합하게 대응해야 한다. 사용이 간단한 사물을 만드는 비교적 편한 방법은 사람들이 실제로 행동하면서 남긴 흔적을 시스템에 적용하는 것이다.

때로는 사람들을 자극할 목적으로 만드는 디자인도 있다. 보통은 예술작품의 영역이 그렇다. 의도적으로 논쟁을 불러일으키고 의견을 주고받게끔 고안된 것이다. 이런 경우에는 사람들의 불만을 무시해도 좋다. 나는 프랑스 디자이너 필립 스탁Philippe Starck이 만든 '쥬시 살리프Juicy Salif'라는 레몬 착즙기를 가지고 있다. 그런데 이것은 주스를 짜기에 적절치 않은 기계다. 인터넷에서 이 기계의 사용에 대한 비평 글을 많이 찾아볼 수 있다. 그래서 어쩌란 말인가? 이것은 예술작품이다. 스탁 자신이 논의를 불러일으키는 것이 제품의 목적이라고 밝힌 바 있다. 나는 이것을 예술작품으로 생각하고 거실에 전시해 놓았다. 대신 부엌에서는 본래 기능에 충실한 다른 믹서기를 사용한다.

기획자와 디자이너가 사람들의 바람을 무시하고 자신의 목적에 적합한 행동을 밀어붙여야 할 순간이 있다. 논의를 불러일으킬 목적의 예술작품이 그렇다. 위험하거나, 불법적인 행동을 막아야 할 때도 마찬가지다. 이런 경우에는 '부적합한 행동'을 막기 위해 장애물을 설치할 만하다. 이 행동에 벌을 내린다는 경고 간판, 또는 법률을 통과시키는 것까지도 이해할 수 있다. 이때는 바람직하지 않은 행동을 고의적으로 못하게 만드는 것이 디자이너의 목표가 되어야 한다. 〈그림 4-5〉처럼 간판이 언제나 좋은 역할을 하는 것은 아니다. 그럼에도 때로는 더 복잡하고 더 어려워질 필요가 있다. 희망선은 진정한 선호도를 보여주는 좋은 기표지만, 그렇다고 모든 것을 반영해서는 안 된다.

흔적과 네트워크

희망선은 실생활에서도 확인할 수 있다. 사람들이 들판을 가로질러 걸어 다니면 땅이 파괴되면서 자국이 남는다. 그 길을 이용하는 사람이 많아질수록 자국은 깊어지고 땅이나 식물에 미치는 영향 또한 커진다. 이는 다른 물리적인 행위에도 똑같이 적용된다. 무엇을 하든지 사용 흔적이 남는다. 책에서는 더러워진 부분이나 낡은 부분, 뒤틀린 페이지, 접힌 곳, 메모를 통해 앞선 독서의 흔적을 찾을 수 있다. 많이 읽은 부분은 자동으로 펼쳐지기도 한다.

흔적은 디지털 세계도 예외가 아니다. 약간의 기술적 도움없이는 눈에 보이지 않는다는 점만 다를 뿐이다. 아무리 간단한 행위라도 자취가 남는다. 복도를 걸으면 CCTV에 녹화된다. 신용카드를 이용하면 무엇을 샀는지, 얼마나 썼는지, 어디에서, 언제 구매했는지가 기록된다. 정보를 검색하면 당신이 요청한 기록뿐만 아니라 바로 전의 검색어와 이어서 한 질문까지 기록된다. 음성 메시지나 다른 메시지 전달 서비스를 이용하면 메시지가 수취인에게 전달되기 전에 서버에 먼저 저장된다. 전송이 완료된 후 송신자와 수신자가 완전히 삭제하려고 해도 흔적은 남는다.

우리가 남긴 이런 흔적들은 우리 자신의 행동뿐만 아니라 일반적인 인간의 행동에 대해서도 중요한 정보를 제공한다. 오늘날 이런 상호 연결로 생기는 네트워크(사람 대 사람, 장소, 시스템, 회사 등)를 연구하는 과학자들이 점차 늘어나고 있다. 이런 흔적들은 우리의 삶을 단순하게 만들 수도, 복잡하게 만들 수도 있다.

사회적 기표로 사용된 추적법 중 가장 효과적인 것 중 하나는 바로 사람들이 잡지나 서적, 학술지, 그리고 무엇보다 인터넷을 사용하면서 남긴 기록이다. 이러한 자취의 중요성은 1900년대 초부터 발견되었으며, 폴 오틀레Paul Otlet(국제 10진 분류법을 창시한 정보과학의 아버지—옮긴이)가 1934년 출간한 '문서의 특성Traite de documentation'과 버네바 부시Vannevar Bush가 1945년에 발표한 '메멕스Memex(기억 확장 장치(Memory Extender)의 줄임말로 오늘날의 하이퍼텍스트와 유사함—옮긴이)'의 개념이 그 시초였을 것이라고 예상된다.

오틀레는 20세기 중반에 유럽에서 작업을 했기 때문에, 제2차 세계대전으로 인해 그의 영향력이 줄어들었다. 반면, 전쟁 중 미국의 과학 발전에 기여한 전기공학자였던 부시는 상대적으로 더 큰 영향력을 행사했다. 1945년 출간된 대중적 월간지 '애틀랜틱 먼슬리Atlantic Monthly'의 기사에서 부시는 책이나 영화, 그리고 기타 읽을거리를 보여주고 서로서로 자동으로 참고 문헌을 생성 및 추적할 수 있는 '기억 확장장치Memory Extender', 즉 메멕스를 지지하는 주장을 내세웠다(하이퍼텍스트와 인터넷이 개발되기 반세기 전의 일이었음을 기억하라).

부시는 판독 장치가 생성해내는 흔적은 그 자체로도 큰 가치가 있을 것이라 믿었다. 특정 주제에 관해 연구하고자 하는 학자들의 노력을 줄일 수 있을 것이라고. 그리하여 그는, "연계된 흔적들의 그물망을 빠르게 살펴볼 수 있도록 만들어져 나오는 완전히 새로운 형태의 백과사전이 등장해, 메멕스 안에 안착되고 그 안에서 증폭될 것"이라고 적었다. 변호사는 그의 모든 경험뿐 아니라 가족과 당국의 경험과 연관된 의견 및 결정 사항을 한 번의 터치로 확인할 수 있게 되었다. 변리사는 발행된 특허 수백만 부와 고객의 모든 관심사에 부합할 만한 익숙한 흔적을 대기해 둘 수 있다.

환자의 반응에 어리둥절해 하는 의사는 유사한 예전 사례의 연구를 통해 수립된 자취를 열어, 해부학과 조직학에 관한 고전적 지식을 참고하며 유사 병력을 빠르게 확인할 수 있다. 유기화합물의 합성 문제로 사투 중인 화학자의 실험실 안에는 그가 필요한 모든 화학 관련 문헌이 제공되며, 화합물의 유사점을 따르는 흔적 외에도 화합물의 물리적, 화학적 습성을 알 수 있는 부수적인 흔적 또한 확인이 가능하다.

연대순으로 된 방대한 양의 인물 계정을 관리해야 하는 사학자는 건너뛰기 기능을 이용하면 핵심 항목만 살펴볼 수 있으며, 특정 시대의 문명으로 이끌어줄 현대의 흔적을 어느 때나 확인할 수 있다. 어마어마한 양의 평범한 기록에서 유용한 자취를 찾아 확립하는 작업을 즐기는 이들을 위해 개척자(여기서는 '흔적을 만드는 사람'이라고 할 수 있겠다)라는 새로운 직업도 생겨났다. 고수로부터 물려받은 기술은 그 자신의 세계 신기록 뿐만 아니라, 제자들을 위한 발판으로도 작용하게 된다.

사람들이 모든 행동은 협동적이고 우호적이라 믿었던 서지 정보의 초기 시절에는 이렇듯 방황하는 자취가 다른 이들에게 큰 가치가 있을 것이라 여겼다. 그렇기 때문에 1910년에서 1934년 사이의 오틀레와 1945년의 부시 두 사람 모두 독자가 책 한권과 동등한 가치의 자취를 남기며 고수의 발자취를 그대로 연결하여 초보자가 따라갈 세상을 상상했다.

오늘날, 그 많은 아이디어들은 아직도 모두 실현되지 못하고 머물러 있다. 인터넷은 아이디어들이 연결될 수 있게 해주지만, 이는 인간이 개발한 웹사이트(혹은 기계 알고리즘)에 의해 뚜렷하게 표시되어 있는 링크나 검색 엔진의 사용을 통해 형성된 링크에만 제한되어 있다. 오틀레와 부시 모두 다른 독자의 발자취를 대놓고 따르는 독자의 모습을 상상했던 것이다.

다른 연구자들의 발자취를 따른다는 것은 우리의 일을 단순하게 해줄까? 아니면 잘못된 발자취로 다시 시작해야 하므로 더 복잡해질까? 우리의 목표에 어떤 경로가 필요한지 어떻게 알 수 있을까?

예를 들어, 내가 이 내용을 쓰면서 조사한 발자취를 따른다고 가정해보자. 독자인 당신은 내가 살펴본 브리태니커 온라인 백과사전, 위키피디아, 박시즈 앤 애로우즈Boxes and Arrows 웹사이트, UC 버클리의 정보관리 시스템 전공의 웹사이트, 그리고 이 주제에 대해 다른 연구자들과 나눈 이메일까지 확인할 수 있다. 그 와중에 새로운 인물이나 어떤 정보의 출처도 알게 된다. 하지만 동시에 막다른 길에 접어들거나 전혀 도움 되지 않는 정보나 사람과 만나기도 할 것이다. 많은 경우 발자취를 그대로 답습하기보다는 그 경로의 요약본을 따라가는 것이 더 좋다.

다른 사람이 남긴 발자취를 맹목적으로 따르는 데에는 다른 문제점도 있다. 남을 속이거나 현혹할 목적으로 일부러 잘못된 경로를 안내하는 경우다. 사이버 공간이나 월드 와이드 웹의 초창기 작업자들은 모든 사람을 '다른 사람을 이끌어 주고 도와주는 친절한 사용자'라고 가정했다. 하지만 세상엔 좋은 사람만 있는 것이 아니라서 그저 장난을 치거나 문제를 일으키는 사람에게 속을 수도 있다. 편파적인 생각을 하는 사람은 자신의 생각을 다른 사람에게 강요하기도 한다. 다른 가능성은 모두 근절시키고 자신의 생각만 전파한다.

학자들은 자신들의 논문에 참고문헌과 인용문으로 작업의 자취를 남긴다. 책 뒤편을 보면 그 흔적들을 발견할 수 있다. 다른 사람의 작업에서 끌어온 생각은 그 사람에게서 비롯된 것이다. 법률 시스템은 인용문 편집, 또는 하나의 법률 옵션에서 다른 옵션까지 정리하는 참고문헌 분야의 선구자다. 법률가들은 이런 발자취의 중요성을 절실히 깨달았다. 특히 대부분의 법이 이전의 사례에 근거하기 때문에 특정 판례에서 다른 어떤 판례를 거론했는지를 아는 것이 중요하다. 1950년대 유진 가필드Eugene Garfield라는 사람은 과학 논문에 얼마나 많은 연구들이 거론되었는지를 역으로 분석하는 것이 중요하다고 주장했다. 이로써 현대의 인용문 분석이 시작되었고, 처음에는 수동으로 일일이 찾다가 오늘날에는 완전히 자동화되었다. 이런 인용문 색인을 통해서 학자들은 선행 연구와 이론으로 거슬러 올라갈 수 있을 뿐 아니라 어떤 학자의 중요성을 평가하는 도구로도 활용할 수 있다.

우리 행동이 모든 실제 공간과 디지털 공간에 남긴 발자취로 생기는 사회적 기표는 우리 삶에 중요한 보완제다. 소셜 네트워크는 사람을 친구, 공통 관심사, 교육 커뮤니티, 직업 커뮤니티, 놀이 커뮤니티와 연결해주는 중요한 도구다. 이런 연결을 살펴보면 사람들의 관심과 커뮤니티가 어떻게 맞물려 있는지를 볼 수 있다. 예전의 지인과 계속 연락을 취하고, 새로운 사람과 만난다. 질문에 답을 얻고, 조언을 구한다. 그리고 당신에게 이득을 주든 그렇지 않든, 광고업체의 이벤트에 참여하고 이전 친구들을 위해 풍부한 정보를 제공한다. 이런 사회적 기표는 오늘날의 인터넷 세계에서 중요한 도구인 추천 시스템과 검색 서비스의 기초가 되었다.

‖ 추천 시스템

서점에서 베스트셀러 목록을 살피고, 전자제품 매장에서 점원이 인기 상품을 추천해주길 기다리는 심리는 무엇일까?

이것은 단순한 인기도에 기본을 둔 원시적인 추천 시스템이다. 마치 손님이 없는 레스토랑에는 들어가지 않는 것과 비슷하다.

베스트셀러 목록은 판매 수치로 결정되는데 이는 장점일 수도, 약점일 수도 있다. 사람의 '평균치'란 존재하지 않는다. 모든 사람에게는 분명 그들만의 독특한 성향이 있다. 만약 관심사, 기본 성향, 기술 수준이 우리와 비슷한 사람에게 추천을 받는다면, 더 와 닿을지도 모른다. 이것이 현대의 추천 시스템의 원리다. 사람들의 행동을 컴퓨터, 전화기, 또는 신용 카드의 사용 등으로 파악할 수 있기 때문에 다양한 특성(사람들의 활동, 나이, 거주나 업무 장소, 연관제품에서 보인 이전의 관심)별로 사용자를 분류할 수 있다.

인터넷과 같은 가상의 공간에서는 어떤 활동을 해도 흔적이 남는다. 검색어 목록이나 읽은 페이지는 그 사람의 관심사를 반영한다. 특히 다른 곳에서 참고한 페이지는 더욱 그렇다. 상점에서는 사람들이 탐색하고 구매한 제품이 관심 기록이 될 수 있다. 눈 위의 발자국이 앞사람이 지나간 경로를 알려주는 것과 비슷하다. 차이점이라면 추천 시스템은 그 자취 중에서 관심사나 목표가 비슷한 사람이 남긴 것만 선택할 수 있다는 것이다 .

상점은 당신이 무엇을 구매했는지 알 수 있다. 만약 온라인 상점이라면 당신이 살펴는 봤지만 구매는 하지 않은 상품까지 파악할 수 있다. 당신이 음악을 듣거나 영화를 봤다면 제공자는 당신이 어떤 부분을 봤는지, 어디를 넘겼는지, 어디를 반복했는지 까지도 알 수 있다. e북이나 글도 마찬가지다. 활동의 상세 내역도 파악할 수 있다. 당신이 무엇을 보고, 읽고, 활동했는지 뿐만 아니라 어떻게, 언제 하물며 누구와 했는지도 확인할 수 있다.

추천 시스템은 더욱 확대되고 있다. 서점 주인은 당신과 관심사가 비슷한 다른 사람이 어떤 책을 사갔는지를 말해준다. 제품이나 서비스를 구매하거나 임대할 때도 그러하다. 사법기관은 이런 시스템을 적용해 어떤 부류의 사람이 문제를 일으키고, 은행을 털고, 살인을 저지르고, 경찰의 행동에 불평하는지 등의 프로파일링 자료를 수집한다.

이런 시스템은 우리의 삶을 단순하게 만드는가, 혼란스럽게 만드는가? 비슷한 배경이나 관심사를 기반으로 사람들을 분류하여 일반적인 전제를 내리기 때문에 비교적 잘 들어맞는다. 또한 개개인에 대한 막대한 정보를 모으기 때문에 활용 가치도 높다. 모든 경우는 아니지만 평균적으로는 유용한 시스템으로 받아들인다. 시스템이 책이나 레스토랑을 추천해줘서 편리하지만 무시해도 상관은 없다. 인생의 복잡함과 상대하는 우리의 상호작용을 간소화시켜 주기 때문이다. 하지만 그 시스템이 잘못되었을 때, 특히 비정상적이거나 합법적이지 않은 행동을 예측해야 하는 시스템이라면, 대체로 개개인의 행동을 재료로 하기 때문에 평균치를 산출할 수 없다. 따라서 오류의 가능성과 기회비용이 높아진다. 이런 경우에는 잘못된 예측이 개인이나 사회의 혼란을 부를 수 있다.

‖ 그룹 활동 지원하기

그룹 활동 역시 인간의 행동을 예측할 수 있게 한다. 그룹 활동은 사회화 기술의 상징이다. 〈그림 5-4〉를 보면 그룹 활동을 하는 사람들의 모습이 보인다. 모든 그룹 활동은 사회적 요소를 가지고 있다. 다른 철학, 관점, 주제를 가진 사람들 사이에서 활동함으로써 경험하는 상호작용은 사회성을 불어 넣을 수 있다.

〈그림 5-4〉는 물리적인 장소뿐만 아니라 컨퍼런스의 구조까지 디자인적으로 고려한 것이다. 이 컨퍼런스는 한겨울, 고립된 로키산맥의 캠프에서 개최되었다. 따라서 참가자들은 어디에도 갈 수 없었다. 빈 시간도 상당히 많이 배치되었다. 따라서 참가자들은 자연스럽게 모이게 되어 컨퍼런스 주세에 대해 논의할 시간이 낳았다. 공간도 사교적이었다. 뿐만 아니라 의도적으로 그룹 활동도 진행되었다. 〈그림 5-4〉 ⓑ에는 직소퍼즐이 보인다. 이 공간의 목표는 서로 다른 그룹 간에 과학적인 의견을 개진하고 전달하려는 목적으로 최대한 상호작용을 촉진하고, 편안한 대화와 토론을 이끌어 내는 것이었다. 이

그림 5-4 그룹 활동

사람들은 ⓐ와 같은 비공식 대화에서든, ⓑ에서처럼 문제를 해결하려고 할 때든 그룹 속에서 일을 더 잘한다.

컨퍼런스는 '고립'을 택함으로써 참가자로부터 집중적인 상호작용을 끌어낼 수 있었다.

사람들은 본능적으로 사회적이며 소통하기를 좋아한다. 제대로 만들어진 사회적 디자인은 사람들의 능력을 끌어낼 수 있고 지금 일어나는 활동을 잘 이해함으로써 그 능력을 얻을 수 있게도 한다. 그래서 문제가 발생했을 때 벌어지는 일련의 결과까지 이해할 수 있게 된다. 이해만 된다면 복잡한 시스템도 간단한 것이 된다. 그룹을 이해하는 것이 개개인을 이해하는 것보다 더욱 강력하고 확실할 때가 있다.

기계와 서비스 디자인은 모두 사회적인 활동으로 간주되어야 한다. 단순히 성공적으로 작동하는 것뿐만 아니라 사람 사이의 상호작용이라는 사회성의 본질에도 많은 관심을 쏟는 사회적인 활동이어야 한다. 이것이 사회적 디자인이다.

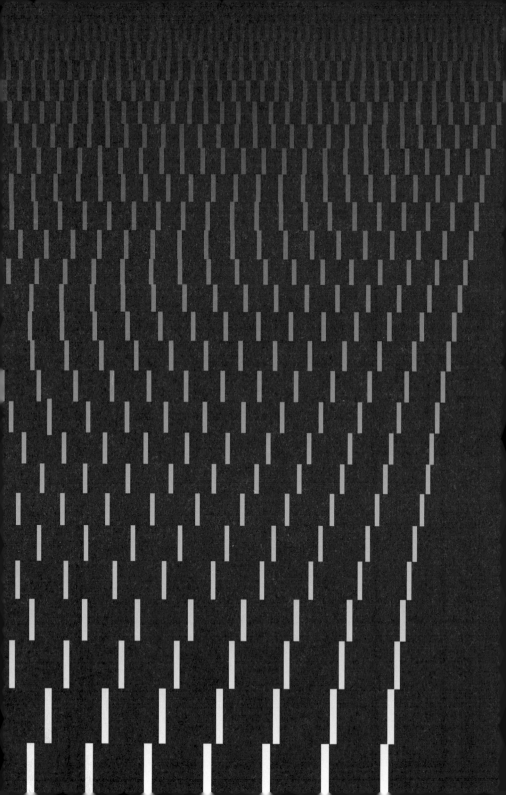

6장

사용자 경험 디자인:
시스템과 서비스

답은 백스테이지에 있다

내 업무의 대부분은 컴퓨터 및 통신 회사, 그리고 이러한 기술을 이용하는 스타트업 기업들과 관련이 있다. 이들은 컴퓨터와 카메라, 휴대폰, 내비게이션 시스템과 같은 전자제품을 생산한다. 이런 최첨단 기술이 발전하던 초창기에는 제품을 이해하고 사용하는 것이 너무 어려웠다. 전자제품은 쌍방향 도구의 특성을 가졌기 때문에 사람이 어떤 행동을 하면 기계의 상태가 변했고, 이는 다시 새로운 행동을 요구했다. 따라서 동작이 잘 일어나도록 변수를 설정하려면 사람과 기계가 어떤 형태로든 커뮤니케이션해야 했다. 이로 인한 어려움에 직면하면서 컴퓨터 과학자, 심리학자, 사회과학자, 그리고 디자이너들이 인터랙션 디자인이라는 새로운 분야를 개척하기에 이르렀다.

인터랙션 디자인은 인간이 제품이나 서비스를 사용하면서 상호작용을 쉽게 할 수 있도록 만들어주는 디자인 분야다. 기술이 진화하고 기계가 정교해질수록 더욱 앞선 기술과 함께 기기와 인간 사이의 철학을 다뤄야 한다. 제품에 대한 이해에서 사용까지의 경험과 즐거움에 초점을 맞추고, 감성적인 요소를 결합할 정도로 이 분야가 확대되고 있다. 덕분에 인터랙션 디자인은 거의 모든 디자인의 핵심이 되었다.

서비스 세계는 제품 세계와 다르다. 서비스 분야가 제품에 비해 많이 연구되지 않았기 때문이다. 당신은 서비스 제공자들이 일관된 모델과 유용한 피드백을 반영한 훌륭한 인터랙션 디자인 기준을 따라야 한다고 생각할 것이다. 하지만 현실은 그리 간단하지 않다. 서비스 시스템은 복잡하다. 다양한 요소들이 여러 지역과 부서로 흩어져 있기 때문에 서비스 제공자들조차 이해하기 어렵다. 오히려 좋은 운영 모델을 개발하는데 장애가 될 뿐 아니라 피드백을 얻기도 어려운 구조다.

얼핏 봐도 서비스와 제품은 별개로 보이지만 막상 서로 다른 점을 정의하려면 상당히 어렵다. 서비스는 누군가에게 도움이 되는 행위나 일이다. 서비스와 제품의 유일한 차이가 있다면 관점의 차이다. 어떤 면에서 보면 제품도 사용자에게 서비스를 제공하는 것으로 정의할 수 있다. 냉장고는 제품으로 분류되지만 적절한 온도로 음식의 맛을 유지해준다는 점에서 이것은 서비스다. 카메라도 제품이지만 소유자가 경험을 오래 기억하고 다른 사람들과 공유할 수 있도록 도와준다. 이 역시 서비스다. 비슷한 측면에서 은행의 현금 자동인출기를 제조하는 회사에게 이 기계는 제품이지만 고객에게는 기본적인 은행 거래를 쉽게 해주는 서비스의 측면이 강하다.

서비스 범위는 상상을 초월할 정도로 복잡하다. 우리가 가장 흔히 접하는 서비스는 정부 서비스로, 가정용 수도, 전기, 전화, 운전면허, 여권, 소득세 등이 이에 해당한다. 정부 서비스에는 방대한 관료주의 규칙과 규제, 다양한 부서, 그리고 보이지 않는 무언가가 존재한다. 우리가 보는 것은 서비스란 이름을 가진 앞면일 뿐이다.

나는 우리가 보지 못하는 서비스의 뒷면을 '백스테이지'라고 부른다. 표면적으로 유연하고 효율적으로 운영하는 것처럼 보이는 서비스도 백스테이지에 감춰진 진짜 운영 방식을 확인하고 나면 혼란스러움을 느끼기 쉽다. 고객의 눈에 보이는 부분은 '프론트 스테이지'다. 은행을 예로 든다면 문을 열고 들어선 순간 나를 기다리고 있는 은행 직원이 여기에 해당한다.

백스테이지는 고객의 시야 밖에서 일어나는 모든 활동을 의미한다. 은행의 보이지 않는 절차는 고객은 방문할 기회가 없는 사무실이나 은행과 멀리 떨어진 곳의 다른 건물에서 이루어지고 있다. 심지어는 그 은행이 아닌 다른 회사, 컨소시엄, 정부가 포함된 국제은행 네트워크의 다양한 집단이 움직일 수도 있다. 백스테이지의 절차는 제대로 된 서비스를 선보이기 위해 꼭 필요한 과정이지만 고객은 오직 프론트 스테이지만 볼 수 있다.

서비스의 앞과 뒤가 깔끔하게 구분될 것 같지만 사실은 그렇지 않다. 모든 것에는 앞과 뒤가 존재한다. 따라서 백스테이지에도 앞과 뒤가 있다. 고객에겐 뒷면인 것이 은행 직원에게는 앞면이 된다. 그리고 이는 다시 앞면과 뒷면으로 나뉘어 각각의 직원이 담당한다.

서비스는 순환한다. 마치 〈그림 6-1〉의 러시아 전통인형인 마트료시카와 비슷하다. 마트료시카는 안에 똑같은 모양이지만 점점 작아지는 인형이 여러 개 들어 있다. 현대의 서비스 시스템은 이런 순환성을 띠고 디자인되어 있다. 따라서 디자이너와 기획자들은 서비스를 상대하는 관점에 따라 디자인과 시스템이 달라야 한다는 사실을 반영해야 한다. 당신의 관점은 고객에 맞춰져 있는가, 아니면 백스테이지를 오가는 사람들에 맞춰져 있는가? 정답은 이 모두를 고려하는 것이다.

서비스 내부에 있는 백스테이지는 매우 중요하다. 모든 업무가

그림 6-1 마트료시카 인형과 서비스

전형적인 서비스 접점에서 고객과 직원은 카운터 ⓐ를 통해 서로 대면한다. 서비스는 마트료시카 인형과 비슷하다. 각 인형 내부에는 또 다른 인형이 있는 것처럼 각 서비스에서는 다른 서비스가 내포되어 있다(ⓑ 및 ⓒ).

처리되는 곳이기 때문이다. 운영이 잘못되거나 엉성하게 실행되면 제품이나 서비스는 실패한다. 복잡한 제품 뒤에는 더 복잡한 운영과 기술이 들어간다. 외부 접점에서 만나는 사람들의 경험이 막힘없이 매끄럽게 이루어지려면 무대 뒤의 많은 사람이 일해야 한다. 그러나 이런 사람들 모두가 각자 자신만의 내·외부 접점을 가지고 있다.

제품이 성공하려면 내부 접점과 외부 접점 요소의 모든 계층을 흡수해 눈에 보이는 서비스와 뒤에 숨은 운영 방식을 조화롭게 받쳐 줘야 한다. 제품은 복잡한 상호작용 속에서 탄생한다.

여기서 디자인적인 문제가 발생한다. 어떻게 해야 고객과 직원 모두 운영방식을 이해하는 데 필요한 정보를 받을 수 있느냐는 것이다. 이를 위해 피드백과 개념적 모델이 가장 중요한 시점이 어디인지를 살펴봐야 한다.

우선 제품이나 서비스를 처음 경험하는 시점이다. 개념적 모델이 있으면 이 제품을 가지고 무엇을 할지, 무엇을 기대할 수 있을지를 알 수 있다. 다음은 문제가 생겼거나 예상치 못하게 지연되는 경우다. 이때는 더 많은 정보를 제공하거나 체험 기간을 주어 먼저 사용해보게 한 후 구매하도록 해야 한다. 아니면 작동 과정에서 무엇이 잘못되었는지 살펴봐야 한다. 제품에서는 이런 상황을 다루기가 비교적 쉽다. 하지만 서비스에서는(그중에서도 여러 조직과 장소를 포괄하는 복잡한 서비스라면) 적절한 시기에 정확한 정보를 제공하기가 어렵다. 이런 점에서 서비스 디자인은 제품 디자인보다 훨씬 더 복잡하다.

시스템으로서의 서비스

많은 서비스들은 사회적이면서 복잡한 시스템을 갖고 있다. 많은 서비스들이 아주 다른 지리적 위치에서 여러 구성요소들과 함께 주로 거대한 조직에 의해 제공된다. 그런데 그 조직 내에서는 여러 다른 부서들이 서로서로를 이해하거나 잘 소통하지 못하는 경우가 많다. 그리고 많은 서비스가 다른 조직들을 관여시키는데, 그러한 조직들 사이의 커뮤니케이션은 특히나 어렵게 마련이다.

서비스의 복잡함을 보여주는 사례는 쉽게 찾아볼 수 있다. 그동안 경험했던 각종 정부 기관과의 상호작용을 떠올려보라. 공무원과의 커뮤니케이션, 비효율적인 규칙과 규제, 가는 곳마다 작성해야 하는 복잡한 양식, 한 부서에서 다른 부서로 심지어는 다른 기관으로 옮겨 다니면서 말도 안 되게 지연되는 처리 방식까지, 우리를 불편하게 하는 요소는 너무도 많다. 아무리 직원들이 친절해도 복잡한 운영 방식이 여러 요소와 연결되면서 모든 것이 짜증나는 경험으로 바뀐다.

서비스의 복잡함을 해결하는 유일한 방법은 서비스를 시스템으로 바라보고 전체의 경험을 하나로 디자인하는 것이다. 각각의 조각을 개별적으로 디자인하다보면, 최종적으로는 서로 잘 결합되지 않는 개별 조각의 합이 되고 만다.

몇몇 사례를 살펴보자.

‖ 아셀라 익스프레스의 암트랙

미국 철도여객공사인 암트랙Amtrak의 아셀라 익스프레스Acela Express 이야기를 생각해보자. 미국의 유명한 디자인 이노베이션 회사인 아이디오IDEO의 창립자 중 한 명인 데이비드 켈리David Kelley는 암트랙에서 열차 내부의 인테리어를 다시 디자인해 달라는 요청을 받았다. 당시 암트랙은 워싱턴 D.C에서 미국 동부 해안을 따라 북쪽 보스턴까지 운행하는 초고속 열차 아셀라 익스프레스의 출시를 준비하고 있었다. 암트랙은 더 많은 승객을 유치할 수 있도록 아이디오에 기차의 인테리어 리모델링을 맡겼다.

아이디오는 '디자인 씽킹design thinking'을 실천하는 회사다. 디자인 씽킹이란 가장 먼저 진짜 문제가 무엇인지를 규정하는 것이다. 나는 이를 두고 "클라이언트가 해결해달라고 하는 문제는 절대로 해결하지 마라."고 바꾸어 말한다. 클라이언트는 증상에만 반응하기 때문이다. 모든 과정에서 가장 어려운 일이기도 하면서 디자이너가 가장 먼저 해야 할 일은 현재 발생한 문제가 무엇인지, 그 중 정말로 해결되어야 하는 것이 무엇인지를 찾는 것이다. 우리는 이것을 '근본 원인 찾기'라고 부른다.

아이디오가 암트랙의 서비스 현황을 조사해보니, 탑승자와 비탑승자 모두가 열차 내에서의 경험에 대해 불평했다. 암트랙은 이것을 두고 기차의 인테리어에 문제가 있다고 진단했다. 하지만 이는 진단을 내리는 것일 뿐 증상을 해결하거나 원인을 없애지는 못했다. 가장 적합한 해결책을 찾으려면 여러 원인 중 하나인 열차의 인테리어만 다시 디자인하는 것이 아니라, 시스템적인 접근이 필요했다. 암트랙은 기특하게도 이 분석에 동의해주었고, 아이디오는 전체적인 서비스 경험을 철저히 새로 규정하기로 했다.

아이디오와 그 파트너들(투자분석회사인 오픈하이머, 다국적 사무가구 제조회사인 스틸케이스, 브랜드 컨설턴트)은 암트랙이 여행 경험을 통합된 하나의 시스템으로 받아들일 것을 제안했다. 비행기나 자동차 대신 기차에서만 얻을 수 있는 경험을 여행의 모든 과정에 걸쳐 지속되게 하자는 것이었다. 차표 구매, 출발·도착역에서의 경험, 기차에서의 경험이 모두 암트랙이라는 기업과 연결되도록 말이다. 그들은 기차 서비스를 다음 페이지에 나오는 10단계로 나눴다.

```
┌─────────────────────────────┐
│      경로, 시간, 비용 알아보기      │
└─────────────────────────────┘
               ↓
┌─────────────────────────────┐
│          여행 계획하기           │
└─────────────────────────────┘
               ↓
┌─────────────────────────────┐
│          계획 시작하기           │
└─────────────────────────────┘
               ↓
┌─────────────────────────────┐
│          정보 알아보기           │
└─────────────────────────────┘
               ↓
┌─────────────────────────────┐
│           티켓 끊기            │
└─────────────────────────────┘
               ↓
┌─────────────────────────────┐
│           기다리기            │
└─────────────────────────────┘
               ↓
┌─────────────────────────────┐
│           탑승하기            │
└─────────────────────────────┘
               ↓
┌─────────────────────────────┐
│           이동하기            │
└─────────────────────────────┘
               ↓
┌─────────────────────────────┐
│           도착하기            │
└─────────────────────────────┘
               ↓
┌─────────────────────────────┐
│          여행 계속하기           │
│      (기차 터미널이 여행의        │
│    최종 목적지인 경우는 거의 없음)    │
└─────────────────────────────┘
```

이들은 10단계 모두를 특별한 디자인 요소를 넣을 수 있는 기회로 받아들였다. 각각의 단계가 전체의 성공에 꼭 필요했다. 애초에 암트랙의 제안은 전체 시스템 중 오직 하나의 단계인 '타고 가기'에만 해당되는 것이었다. 하지만 아이디오와 디자인 파트너들은 웹사이트에서부터 대기실, 열차 내부, 식당 칸의 인테리어까지에 이르는 모든 시스템을 전면적으로 바꿨다. 이들은 역의 안내센터부터 직원 유니폼까지 다시 디자인했다. 디자인 팀은 인간 요소, 환경, 산업디자인, 브랜딩 등 각계의 전문가로 구성되었다. 그 결과 고객이 얻을 수 있는 기차에서의 경험이 멋지게 확장됐다. 개편 후 탑승객의 수는 증가했고, 미국 전체에서 가장 인기 있는 노선이 되었다.

시스템을 디자인한 애플의 아이팟 음악 서비스

애플의 사례 역시 서비스를 시스템으로 보고 전체를 하나의 경험으로 디자인한 것이다. 휴대용 음악 플레이어는 인기가 많은 제품이다. 조그만 기계에 좋아하는 음악 수백, 수천 곡을 넣어서 들고 다니며 언제 어디서나 음악을 들을 수 있다. 1970년대에 출시된 최초의 카세트테이프 플레이어를 필두로 휴대용 음악 플레이어는 사람들의 음악 감상 스타일을 혁신적으로 바꿔놓았다. 가장 처음으로 큰 성공을 거둔 제품은 1979년에 출시된 소니의 워크맨이다.

1990년대에 컴퓨터 혁명이 일어나면서 음악을 듣는 방식에도 커다란 변화가 생겼다. 더불어 인터넷 상거래, 메모리 압축 시스템과 함께 초소형 프로세서와 거대 용량 메모리 시스템이 등장해 음악 파일의 크기가 현저히 줄어들었다. 워크맨과 비교했을 때, 제품의 크기는 점차 작아졌고 휴대도 훨씬 간편해졌다. 이전에는 상상할 수도 없었던 조그만 기계에 수천 곡의 노래를 담을 수 있게 된 것이다. 그럼에도 여기에는 제품의 성공을 가로막는 장애물들이 존재했다. 첫 번째는 음악을 다운로드할 때 적용되는 법률의 모호함이었다. 음악 파일을 구매한 후, 자신의 플레이어로 옮겨 담는 것은 허용되었으나 그외 다른 곳으로 유포하는 것은 불법이었다. 두 번째 장애물은 음악을 상품화하는 과정이 복잡하다는 것이었다. 일반 사용자에게 구매한 파일을 복사하고 다시 압축해 자신의 휴대품으로 옮기는 것은 어렵고 두려운 과제였다.

이후 애플이 이런 문제점들을 해결한 제품을 시장에 내놓으면서 음악 유통에 혁명이 일어났다. 애플은 서서히 시장을 잠식해갔다. 디지털 음악 플레이어의 판매를 장악했을 뿐만 아니라 음반회사들이 그들의 제품을 생각하는 방식까지 바꿔놓았다.

사람들은 애플이 2001년에 소개한 아이팟이 뛰어난 디자인 때문에 시장을 잠식했다고 생각하지만 이는 사실과 다르다. 아이팟이 뛰어난 제품인 것은 맞지만, 애플의 성공비결은 아니다. 애플의 성공의 비밀은 역설적이게도 디자인이 제품 성공의 근원이 아니라는 것을 알고 있었다는 사실이다. 애플은 음악을 찾고, 사고, 다운받고, 플레이하고, 법적인 이슈를 극복하는 전체 시스템을 단순화했다. 당시에도 이미 수많은 회사들이 디지털 음악 플레이어를 판매하고 있었다. 제품들은 모두 저마다의 매력을 가졌고 기능도 훌륭했다. 하지만 합법적으로 음악을 다운받을 수 없던 기계는 고립된 제품일 뿐이었다.

당시만 해도 컴퓨터로 음악을 다운받아서 플레이어로 옮기는 과정은 평범한 사람들의 능력과 의지를 뛰어넘는 복잡한 일이었다. 근본적인 해결책은 경험이 끊이지 않도록 모든 부분을 통합하는 것에 있었다. 기차 서비스처럼 이 시스템도 여러 단계로 구성되어 있었다.

애플은 아이팟을 별개의 제품이 아닌 서비스로 대했다. 그들은 모든 단계가 끊이지 않고 잘 이어지도록 작업했다. 그 결과 훌륭한 고객 경험이 창출됐다. 짧게 요약하면 애플은 한 곡당 합리적인 가격에 합법적으로 저작권을 협상한 첫 번째 회사가 되었다.

두 번째로 그들은 음악을 둘러보고, 검색하고, 새로 등장한 뮤지션의 음악을 들어볼 수 있는 웹사이트와 그에 연결된 애플리케이션을 재미있고 흥미진진하게 만들었다.

세 번째로 애플은 음악 구매 과정을 놀랄 만큼 간단하게 만들었고, 구매한 음악을 전혀 힘들이지 않고 컴퓨터로 옮길 수 있도록 했다. 또한 아이팟을 컴퓨터에 연결하기만 하면 다운받은 파일을 손쉽게 아이팟으로 이동하도록 시스템을 디자인했다.

마지막으로 아이팟은 디자인도 무척 훌륭했다. 컴퓨터로 음악을 듣기가 쉬웠을 뿐만 아니라 네트워크 컴퓨터, 심지어는 가정용 오디오나 TV 시스템에서 재생시키는 것도 쉬웠다.

서비스가 처음 시작될 무렵 음악 제작판매자들은 사람들이 돈을 내지 않고 무료로 음악을 다운받는 것에 경악을 금치 못하면서 이를 막기 위한 디지털 저작권 관리 시스템을 요구했다. 애플은 이에 응해 구매한 음악은 애플의 기기에서만 들을 수 있도록 저작권을 제한했다. 흔한 마케팅 방식의 하나인 소위 '고객 가두기'를 전략을 실행한 것이다. 그러다 보니 애플 체계에서 결제한 액수가 클수록 애플의 제품만 이용하는 사람이 증가했다. 그동안 구매한 방대한 음악이 다른 회사가 만든 기기에서는 재생되지 않았다(애플에서 DRM 권리를 사면, 가능하지만 이런 일은 거의 일어나지 않는다). 디지털 저작권 관리 이슈는 비단 음악뿐만 아니라 영화, 비디오, 책과 같은 다른 모든 매체에도 적용된다. 미디어 회사들은 초창기만큼 제한적이지 않으면서도 소유권을 방어할 수 있는 다양한 방식을 찾고 있었다. 애플이 이 제한을 느슨하게 풀어놓았다.

마지막으로 애플은 생태계를 구축해 다른 회사들이 스피커, 차량용 사운드 액세서리, 아이팟의 능력을 확장시켜주는 액세서리(스톱워치, 음성녹음 기능, 저장 도구) 등 부가적인 상품을 개발하도록 적극 장려했다. 애플은 이 모든 것에 대한 저작권을 가지고 있어 판매에 대한 사용료를 받는다. 위험 요소가 전혀 없는 수입원을 개발한 것이다.

애플은 사용자 경험이 끊이지 않는 시스템이 되도록 다른 부분에서도 신경 썼다. 심지어는 제품 상자의 디자인까지도 일반적인 생각을 뛰어넘는다. 많은 회사가 제품 포장에 돈을 아낀다. 하지만 애플은 패키지도 고객이 몰입하고 즐거움을 경험하는 기회라고 생각했다. 사용자 경험이 구매한 제품이 들어있는 상자를 여는 것에서부터 시작된다고 믿고 과감하게 투자한 덕분에 나머지 경험까지 흥미롭고 즐겁게 이어졌다.

애플이 아이팟 제품군을 휴대폰, 노트북, 디스플레이 패드 그리고 컴퓨터, 전화기, 카메라, 비디오, 사운드 시스템과 연결되는 다른 기기들로 확장하면서 이 생태계는 더욱 풍성해졌다. 물론 장르가 음악을 넘어 사진, 비디오, 영화, 게임, 신문, 잡지, 책처럼 다른 매체로 확장되어도 기본 시스템의 원칙과 관점은 충실히 따랐다. 제품의 외형적 구조, 성능, 명칭이 바뀌더라도 전체 시스템이 끊이지 않도록 매끄럽게 만들어야 한다는 일관된 철학을 지켰다. 사업 환경이 바뀌면서 애플의 제품군은 계속 변했지만 그래도 다음의 세 가지 면에서 언제나 타의 추종을 불허한다.

1. 개별 제품이 아니라 자연스럽게 이어져 융합되는 시스템을 만들어라
2. 시스템은 가장 약한 링크라는 사실을 인식하라
3. 전체적인 경험을 위해 디자인하라

결국 애플의 성공비결은 시스템적 사고system thinking였다. 디즈니랜드, 애플, 넷플릭스, 페덱스와 UPS, 아마존 등은 고객의 주문에서 시작해 백스테이지를 통과하는 과정까지를 전체적으로 디자인한다. 단계마다 얼마나 진척되었는지 고객에게 지속적으로 알려주고, 배송에 걸리는 시간을 예측할 수 있도록 했다. 모든 경험이 고객의 관점에서 다뤄지도록 시스템을 디자인한 것이다.

백스테이지의 움직임도 부드럽고 효율적이다. 이는 운영직원의 영역으로 종종 데이터를 기반으로 한 면밀하고 섬세한 수학적 공식

과 컴퓨터 시뮬레이션 도구를 이용해 최적의 효율성을 보장한다. 한 곳에서 다른 곳으로 상품을 배송하는 것과 같이 별 다를 것 없는 평범한 운영 내역조차 고객에게 지속적으로 정보를 제공함으로써 서비스 경험을 긍정적인 것으로 변모시킨 것이다. 좋은 시스템 디자인은 전체 과정을 인간 중심적이고 사회적인 것으로 생각하는 데서 출발한다.

서비스 청사진

서비스는 여러 상호작용이 일어나는 복잡한 시스템이다. 서비스를 받는 사람뿐 아니라 서비스를 제공하는 사람조차 이해하기 어렵다. 서비스 디자이너들은 이런 복잡함의 문제를 포착해 모든 둘 사이의 접점을 도식화할 수 있는 방법을 개발하려고 노력했다. 1980년대 초 경영학자 린 쇼스택Lynn Shostack은 〈그림 6-2〉와 같이 '서비스 청사진 service blueprinting'이라는 프로세스를 제안했다. 서비스 청사진은 고객 경험을 관련된 부서들이 취하는 여러 가지 활동들을 시간의 흐름에 따라 보여주며, 그들 사이의 상호작용을 연관시킨 흐름도다. 나는 이 청사진의 작동 원리를 IBM의 수잔 스프라라겐Susan Spraragen 박사가 쓴 최근 논문을 이용해 설명하려 한다.

스프라라겐 박사는 서비스 청사진에 시간의 흐름과 운영의 깊이 외에도 고객의 감정 상태를 추가하여 새롭게 표현했다. 〈그림 6-3〉은

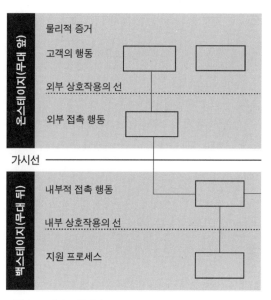

그림 6-2 서비스 청사진

수평적 "가시선"은 백스테이지 작업과 온스테이지(이 그림에서 "무대"라고 칭함)를 분리한다. 수직적 차원은 관련되는 조직의 모든 부분(백스테이지) 과 고객(온스테이지) 사이 관련된 모든 구성 요소를 나타낸다. 가로축은 시간이 왼쪽에서 오른쪽으로 진행되는 과정의 단계를 나타낸다.

고객이 로터스 노츠Lotus Notes 라는 소프트웨어에 문제가 생기자 고객센터에 전화를 거는 과정을 나타낸 것이다. 그림에서 고객을 표시하는 아이콘을 감싸고 있는 원이 바로 감정 상태다. 여기서는 시간이 흘러도 문제가 해결되지 않아 발생하는 고객의 짜증지수를 원의 크기로 표현했다. 수잔은 고객의 감정 상태를 서비스 청사진에 넣음으로써 그 경험이 끼치는 전체적인 영향력을 보여주려 했다. 그녀는 이 그림을 '표현적인 서비스 청사진expressive service blueprinting'이라고 불렸다.

고객의 경험을 묘사하려는 이런 모든 시도는 적합한 서비스 구조를 만드는 중요한 도구다. 하지만 어떤 것도 진짜 복잡함을 정확히 보여주지는 못한다. 고객뿐만 아니라 응대하는 직원들의 감정 상태도 들어가고, 백스테이지의 절차도 더욱 상세하게 그려야 한다. 고객에게 어떻게 설명해야 하는지도 측정해야 한다(사내 직원들에게도 마

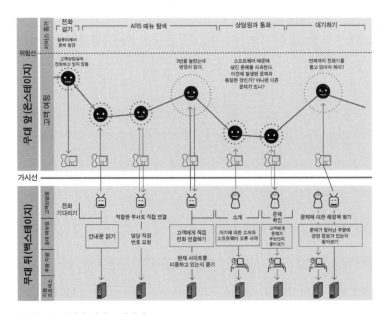

그림 6-3 표현적 서비스 청사진

고객이 컴퓨터 응용 프로그램에 대한 도움을 요청하며 서비스 데스크에 전화하는 상황을 도식화한 것이다. 얼굴 모양 아이콘으로 표시된 고객을 둘러싼 점선형 원은 고객의 불만족도를 나타낸다. 테두리 원이 클수록 불만족도가 높다는 것이다. (그림의 마지막 단계는 고객이 대기하라는 말을 듣고 통화 보류 상태가 되는 단계) 고객의 수직적 위치는 고객의 입장에서 느끼는 서비스 제공 업체에 대한 안락함의 정도를 나타낸다. 가시선까지의 거리가 가까울수록 고객이 느끼고 있는 안락함이 크다는 것을 의미한다.

찬가지다).

그럼에도 청사진은 매우 중요한 모델이다. 간략하게 개편한 청사
진은 순차적인 상호작용이 어떤 단계를 거치는지, 프로세스의 어떤
시점에 와 있는지, 그리고 앞으로 어떤 단계가 남아 있는지를 알려줄
용도로 고객과 직원에게 제시할 수 있다.

모든 과정이 순조롭다면, 고객은 좋은 경험을 가지게 될 것이다.
하지만 요청이 까다롭거나 응대하는 서비스 조직이 복잡하면 잘못되
기 쉽다. 어쩌면 정보가 불완전하거나, 핵심 인물이 부재중이거나, 또
다른 핵심 요소가 더 필요하거나 혹은 상부의 승인과 같은 단계를 거
쳐야 할지도 모른다. 디자인이나 기획이 어려운 것은 예상치 못한 어
려움이 생겨도 순조롭게 작동되도록 만들어야 하기 때문이다. 결국
확실한 피드백과 개념적 모델이 없으면 고객에게 훌륭한 경험을 제
공할 수 없다.

‖ 경험 디자인

개별 고객이나 직원에게 서비스는 경험이다. 이는 고객만큼이나
직원을 위한 편안한 분위기 조성에도 주의를 기울여야 한다는 말이
다. 무려 100년 전의 사례이지만 현재에도 시사점을 주는 재미있는
이야기가 있다. 이 이야기는 효과적인 서비스 디자인의 비밀은 기술
이 아닌 사람 관리에 있다는 것을 잘 보여준다.

1800년대 후반, 미국을 횡단하는 여객 서비스가 막 시작되었을
때 프레드 하비는 미 서부를 가로지르는 레스토랑 체인을 열었다. 대

륙횡단 열차의 승객들에게 레스토랑과 호텔서비스를 제공하는 것이 목적이었다. 증기기관차는 연료를 채우기 위해, 승객들은 잠시 내려 스트레칭을 하기 위해 정류장이 설치되었다. 하비는 이 지점이 레스토랑 사업을 하기에 딱 맞다고 생각했다. 그리고 기차가 잠시 멈춘 짧은 시간 동안 승객들이 편안히 먹을 수 있는 효율적 방법에 대해 고민했다. 하비는 직원들이 작업하는 시간을 계산해 서비스 인력들이 고객과 상호작용하는 세세한 부분까지 관심을 기울였다. 그의 아이디어는 적중했다. 사업은 큰 성공을 해서 시카고와 샌프란시스코 사이에 65개의 지점을 열었다. 1년에 1,500만 명분의 식사를 제공해온 그의 프랜차이즈 사업은 무려 75년간 지속되었다. 이 성공의 비밀은 디테일을 꼼꼼하게 챙긴 것과 직원의 대우 및 훈련에 있었다.

하비 레스토랑이 직원과 고객의 상호작용에 기울였던 관심은 오늘날의 호텔 체인과 레스토랑에서도 발견할 수 있다. 경영 매거진 「하버드 비즈니스 리뷰」의 편집자인 폴 헴프Paul Hemp는 보스턴 소재의 리츠칼튼 호텔에서 1주일 동안 룸서비스에 관한 직원 교육을 받았다. 이후 그는 〈하버드 비즈니스 리뷰〉에 이와 관련된 리포트를 게재했다.

교육 기간 동안 가장 강조되었던 부분은 손님에게 감정을 이입하고 그들이 필요로 하는 것을 예측하라는 것이었다. 손님에 대한 직원들의 보살핌이나 걱정은 진심에서 우러나와야 했다. 그들은 매일 아침 모여서 리츠칼튼 호텔의 서비스 철학을 보고 듣고 느껴야 했다. 리츠칼튼 호텔의 철학은 '좋은 호텔에서는 당신이 필요한 것을 요청하면 바로 제공할 것이다. 그러나 위대한 호텔에서는 필요하다고 느낄만한 것이 없을 것이다.' 리츠 칼튼의 목표는 위대한 호텔이 되는 것이었다. 그 목표를 달성하기 위해 직원들에게 요구하는 가장 큰 업무는 '손님이 다시 찾고 싶어 하도록 편안하게 만들어주는 것'이다.

이 호텔의 인력관리 이사인 존 콜린스John Collins는 "어느 곳에서나 받을 수 있는 대접이라면 아무도 기억하지 못한다. 하지만 서비스가 진실하다면, 진심으로 서비스를 즐겼다면 누구나 느끼고 기억한다. 고객은 당신의 미소가 거짓인지 알아챈다."라고 말했다. 호텔 직원에게는 상부의 지시나 승인 없이 독자적인 결정을 내리고, 손님에게 필요하다면 규칙을 바꾸고, 손님이 필요로 하는 것 이상을 가져다주고, 예기치 않은 요청에도 언제나 준비 태세를 갖출 수 있는 권한이 있다. 만약 어떤 손님이 커피나 와인을 주문하면 그들은 한발 앞서 생각한다. '그 방에 다른 손님이 있을까?' 하고 주문을 요청한 손님의 상황까지 추론한다. 그러고는 여분의 컵이나 와인 잔을 가져간다. 헴프는 처음에는 '이런 관심이 오히려 과한 것은 아닐까' 하고 생각했다. 하지만 결국 커피를 한 잔만 가져간 그 방에 두 사람이 있는 것을 발견했다고 한다.

이런 모범적 서비스는 절대로 그럴 듯하게 꾸며낼 수가 없다. 직원들이 진심을 다할 때만 가능하다. 이 말은 손님만큼이나 직원에게도 관심을 기울여야 한다는 것을 의미한다. 헴프는 직원들은 좋은 대우를 받고 있었고, 서로가 도울 것을 강조했고, 손님이 필요로 하면 독자적인 조치를 할 수 있다고 말했다. 덕분에 직원들은 그곳에서 일하는 것에 자부심을 느낀다고 한다. 직원들은 자신의 업무에 몰입도를 높이고 손님에게 즐거운 경험을 제공할 수 있는 훈련을 받았다.

그로 인해 맡은 일에 상당한 즐거움을 느끼고 있었다.

리츠 칼튼은 아주 비싼 고급 호텔이다. 일부 사람들은 이런 호화 서비스를 연구 대상으로 삼는 것에 바로 반발하기도 한다. 평범한 회사는 직원과 고객의 안위에 세세하게 관심을 기울일 만큼 돈을 충분히 투자할 수 없다는 것이 반박의 이유다. 그러나 나는 그렇게 생각하지 않는다.

웹사이트도 서비스 영역이기 때문에 같은 교훈을 적용할 수 있다. 어떤 웹사이트는 재방문자를 기억했다가 전혀 거슬리지 않는 선에서 유용한 정보를 추천한다. 웹사이트에는 개인적이고 물리적인 상호작용을 다른 곳과 차별화 할 수 있는 수많은 기능이 있다. 그곳에는 제각각의 니즈를 가지고, 제각각으로 이용하는 이용자가 수백만 명이 넘을지도 모른다. 그럼에도 웹사이트는 경험의 질을 떨어뜨리지 않으면서 모두를 상대해야 한다. 만일 어떤 회사를 테스트하고 싶다면 수많은 고객이 불만을 드러내는 상황에 어떻게 대응하는지를 살펴보면 된다. 이때야말로 회사의 진정한 사회성을 테스트할 순간이다.

비싸지 않은 호텔도 추가 비용을 들이지 않으면서 고객에게 가치 있는 서비스를 제공할 수 있다. 클럽 쿼터스 호텔 체인은 주로 비즈니스로 출장 온 손님을 상대하는 호텔이다. 이곳은 회사가 회원으로 소속되어 있어야 이용할 수 있다. 나는 노스웨스턴대학교에서 이용 권한을 얻었다. 쿼터스는 가격이 저렴한 대신 서비스를 최소화했다. 1층 로비에는 직원 한 사람만 있다. 고객이 직접 기계에 신용카드를 넣고 체크인하면 방 열쇠를 준다. 체크아웃도 마찬가지다. 직원과의 상호작용이 없다. 호텔은 이를 두고 '인스턴트 체크인·아웃'으로 광고한다. 룸서비스를 최소화한 대신 배달 가능한 인근의 레스토랑 목록을 방마다 비치해두었다. 층마다 있는 조그만 찬장에는 여분의 커피와 비누, 샴푸, 그리고 손님이 요청할만한 것들이 들어 있다. 누구나 자유롭게 가져갈 수 있다.

게다가 미국(그리고 런던)의 주요 비즈니스 도시 중심부에 지점이 있고, 인터넷이 무료이며, 좋은 책상과 스탠드, 비즈니스맨들이 좋아할 만한 전자제품을 갖추고 있다. 이 모든 것이 셀프서비스로 운영되어 덕분에 필요한 설명을 하거나 문제 상황에 대처할 인력의 낭비가 없다. 로비에는 한 명의 직원이 도움을 원하는 고객을 위해 대기하고 있다. 화려함이나 수준 높은 서비스는 없지만 대부분의 비즈니스 출장자들은 바빠서 호텔의 값비싼 응대를 즐길만한 시간과 여유가 없다. 클럽 쿼터스는 많은 돈을 들이지 않아도 충분히 고객을 배려하고 생각할 수 있다는 것을 보여준다.

모든 서비스가 그렇듯이 언제나 새로운 기능을 추가하고 싶다는 유혹이 생긴다. 단순함을 희생하는 한이 있어도 고객에게 제공하는 옵션수를 늘리고 싶은 것이다. 멋진 웹사이트를 통해 DVD 대여 서비스를 제공하는 넷플릭스는 좋아하는 영화 목록을 여러 개 만들 수 있는 서비스를 제공한다. 고객마다 보고 싶은 영화 목록이 있다. 넷플릭스에서는 기간 제한 없이 지정한 개수만큼 DVD를 빌릴 수 있다. 고객이 DVD를 반납하면 목록에 있는 다음 DVD를 보내준다. 또한 모든 고객이 좋아하는 영화와 싫어하는 영화(영화를 보고 나면 고객은 평점을 매긴다)를 저장한 데이터를 바탕으로 각 고객의 영화 취향을 분석한 프로파일이 있다. 넷플릭스 계정은 가족이나 룸메이트 등 여럿이 하나의 계정을 이용하는 경우가 많아서 한 계정 안에 여러 개의 프로파일을 만드는 기능을 추가했다. 그런데 얼마 후에 넷플릭스는 이 기능이 도움을 주기보다 복잡하게 만든다고 판단해 이 서비스를 중단한다고 발표했다. 공지사항에는 다음과 같은 안내문이 올라왔다.

우리는 서비스를 최대한 간단하고 쉽게 이용하게 할 의도로 다수의 프로파일을 만드는 기능을 더했습니다. 하지만 많은 회원들이 이 기능 때문에 계속 로그인, 로그아웃해야 해서 사용이 불편하고 성가시다는 의견을 전달해주셨습니다.

그러자 놀랍게도 많은 고객들이 반발했다. 넷플릭스에 직접 항의하거나 인터넷의 여러 게시판을 통해 불만을 이야기했다. 11일 후 넷플릭스는 결정을 철회했다.

우리는 웹사이트를 사용하기 쉽게 만들겠다는 끈질긴 바람 때문에 소수 고객만 사용하는 이 기능을 없애는 것이 모두에게 도움이 된다고 생각했습니다. 하지만 회원들의 이야기를 들어보니 이 기능을 사용하는 사람들은 이것을 넷플릭스 경험에 필수적인 것으로 생각하고 있었습니다. 우리가 바라는 단순함은 고객이 원하는 실용성보다 더 중요하지 않습니다.

고객들은 고무되었다. 한 회원이 이런 글을 남겼다.

지난주에 넷플릭스에 느낀 실망감은 이 회사가 고객의 말에 이렇게까지 귀 기울인다는 만족감과 호감으로 바뀌었다. 역시, 넷플릭스

이미 수많은 연구 결과가 실수에 대처하는 자세의 중요성을 말해주고 있다. 어떤 연구결과에 따르면 실수에 제대로 대응한 회사는 아예 실수를 저지르지 않는 회사보다 더 많은 사랑을 받는다고 한다. 당시 이 결과에 대해 논란이 있었는데 이후 더욱 세밀하게 조작한 연구에서는 이 결과를 증명할 수 없다고 발표했다.

그럼에도 실수를 저지른 후, 이를 인정하고 즉각적으로 고친 회사는 실수를 숨기거나 부인한 회사보다 더 많은 이득을 본다는 사실을 모든 연구가 공통으로 인정하는 사실이다. 제대로 작동하지 않는 제품이든, 넷플릭스처럼 나중에 철회하게 될 결정이든 회사가 저지른 실수는 그 회사가 얼마나 고객을 많이 생각하고, 귀 기울이고, 그리고 얼마나 진실하게 잘못을 고쳐 나가려 하는지를 보여줄 수 있는 기회다. 서비스는 경험이고, 행동이 중요하다. 하지만 진실함과 정직함, 그리고 애정 어린 관심도 많은 영향을 끼친다.

유쾌한 사회적 경험 창조하기: 워싱턴 뮤추얼 은행

워싱턴 뮤추얼은 한때 미국 전역에 지점을 둔 은행으로, 사무실(〈그림 6-4〉)의 레이아웃과 디자인으로 특허를 냈다. 특허의 실효성과는 별개로 워싱턴 뮤추얼은 고객 경험의 중요성을 이해하고 있는 기업이 틀림없다.

〈그림 6-4〉는 일리노이 주 에반스턴에 있는 우리 집 근처의 은행이다. 이곳에는 고객과 은행 직원 사이에 장애물 역할을 하는 긴 카운터가 없다. 길게 기다리는 줄도 없고 인테리어도 사무적이지 않다. 대신 은행에 들어서면 안내원이 고객을 맞이하고 은행 직원이 도움을 주기 위해 대기하고 있는 작은 '섬'으로 안내한다. 아이들의 놀이 공간도 근처에 있다.

은행 직원과 고객이 상호작용하는 것을 보라. 장애물로 분리된 카운터나 책상 대신 두 사람이 함께 서서 거래 현황을 지켜본다. 기존의 은행들은 모든 일이 비밀스럽게 진행됐다. 직원은 고객의 계좌 내역이 다른 사람에게 노출되지 않도록 조심스레 보지만, 고객 입장에서는 정보를 숨기는 것처럼 느껴진다. 그런데 워싱턴 뮤추얼에서는 두 사람이 같은 화면을 함께 본다. 이것은 은행에서의 경험을 눈에 띄게 바꿔놓았다. 보통의 은행을 생각했을 때 떠올릴 수 있는 비밀스러운 작업과 왠지 모를 딱딱한 분위기가 사라진 것이다. 동시에 직원과 고객이 협동하고 친밀한 느낌으로 상호작용하는 것과 같은 경험이 쌓인다.

안타깝게도 워싱턴 뮤추얼은 이제 존재하지 않는다. 2009년 금

그림 6-4 워싱턴 뮤추얼의 은행 디자인

일반적인 은행의 모습과는 다르다. 은행 직원들과의 상호작용을 위한 개별적 '섬' 형태의 디자인으로 특허를 받았다. 엉킨 전선도 대기하는 줄도 보이지 않는다. 어린이를 위한 놀이공간도 있다.

융위기 때 JP모건 체이스 은행에 인수되었다. JP모건 체이스 은행은 더 이상 이 디자인을 이용하지 않겠다고 발표했다. 왜 그럴까? 워싱턴 뮤추얼의 서비스는 개인 투자자에 맞춰져 있었다. 해당 고객들에게는 사적이고 친화력 있게 주의를 집중시키는 디자인이 적합할 뿐만 아니라 효율적이었다. 덕분에 기업 이미지도 상승했다.

반면 JP모건은 주로 비즈니스 고객과 대기업, 그리고 프라이빗 뱅킹 서비스를 이용하는 부유한 개인을 상대로 하는 은행이다. 워싱턴 뮤추얼의 디자인으로는 이런 부류의 고객이 원하는 사적이고 비밀스러운 대화가 불가능했다. 따라서 은행 직원과 고객 사이가 카운터나 방탄유리로 분리된 기존의 레이아웃으로 돌아갔다. JP모건이 사업적인 이유로 정책을 변경한 것은 적절한 판단이다. 하지만 우리

같은 평범한 은행 고객을 위한 혁신적이고, 효과적이고, 사회적인 디자인이 사라진 것은 아쉽다. 그나마 다행인 것은 점차 다른 은행들이 이런 디자인을 선보이고 있다는 점이다.

서비스는 반드시 직원과 고객을 함께 염두에 두고 디자인되어야 한다. 직원이 행복해야 고객과 열정적이고 예의 바른 상호작용을 할 수 있다. 워싱턴 뮤추얼 은행은 이 관계의 중요성을 잘 이해하고 있었다. 워싱턴 뮤추얼은 평범하고 행정적인 은행과의 상호작용을 좀 더 친숙한 사회적인 경험으로 변모시켰다. 이를 바탕으로 서비스도 친화력 있게 디자인했다.

공장을 위한 서비스 디자인

공장 디자인에서는 무엇이 중요한지 생각해보자. 공장을 효율적으로 운영하려면 무엇보다 재고와 병목관리를 우선해야 한다. 공장에서의 재고는 작업을 기다리는 제품의 대기 열이다. 상점에서의 재고는 구매를 기다리는 제품이다.

병목은 목이 좁은 병의 디자인에서 나온 단어로, 목의 굵기가 한 번에 흘러나오는 액체의 양을 자동으로 조절해주는 것을 뜻한다. 공장에서 병목이란 상품의 흐름이 제한되는 모든 지점을 말한다. 병목 뒤로 물건이 쌓이면 대기 줄이 형성된다. 병은 의도적으로 목 부분을 좁게 만든 것이지만, 회사에서의 병목은 대개 자원 부족에서 발생한다. 특히 공장에서 병목은 기계나 작업자가 진행 속도를 따라가지 못해 발생한다. 계산원이 계산을 기다리는 손님의 수를 따라가지 못할 때, 탑승객은 여러 명인데 택시가 충분하지 않을 때, 고속도로에 엄청난 수의 차량이 몰려들었을 때 병목현상이 일어난다.

병목현상은 이해는 쉬워도 고치기는 어렵다. 병목을 제거하려면 당연히 더 많은 자원을 투입해야 한다. 전문가와 엔지니어들은 병목을 줄이고 효율성을 높이는 방안을 고안하기 위해 엄청난 노력을 기울인다. 운영관리라는 이름으로 행해지는 수많은 연구가 이 주제를 다루고 있다.

공장은 두 종류로 나눌 수 있다. 하나는 주문형 상품만 취급하는 맞춤 생산 공장이고, 또 하나는 제품이 일괄적으로 생산되는 조립 공장이다. 맞춤 생산 공장에서는 형태에 따라 기계를 배치한다. 제분기는 이쪽, 프레스기는 저쪽과 같이 배치하는 형식이다. 반면 조립 공장에서는 제품이 효과적으로 움직일 수 있도록 기계를 배치한다. 따라서 각각의 기계는 인접한 기계의 결과물을 이어받을 수 있는 곳에 놓인다. 금박기계는 용접기 옆에, 용접기는 볼트라인 옆에 배치한다. 그래야 문제가 발생했을 때, 근본 원인을 찾아서 빨리 제거할 수 있다.

맞춤 생산 공장은 고객의 주문에 따라 매번 다른 작업을 진행하기 때문에 공정이 계속해서 바뀐다. 따라서 업무 흐름을 계산할 수 없어 적당한 기계를 배치할 수 없다. 요구사항이 계속 변하기 때문에 설치와 정리에 시간이 많이 소요된다. 수공으로 제작해야 하고, 하나하나의 작업이 모두 특별하기 때문에 업무 처리 속도도 느리다. 각각의 작업이 달라 특정 작업에서 얻은 기술을 다른 곳에 적용하지 못하기도 한다. 조립 공장은 이와 반대다. 설치 시간이 짧고, 일이 효율적으로 진행되며, 정리하는 시간은 짧거나 아예 없다.

서비스는 맞춤 생산 공장과 같다. 일반 레스토랑은 모든 주문이 이전 주문과 다르다. 물론 메뉴 안에서 생기는 변형이지만 조합과 순열의 수를 따지면 맞춤 생산 공장의 형태를 따를 가능성이 높다. 반대로 패스트푸드 레스토랑은 조립 공장의 형태를 보인다. 음식은 최대한 자동화 공정을 거쳐서 정확하게 계량되고, 동일한 조리법에 따라 만들어진다.

병원도 맞춤 생산 공장과 비슷하다. 건물부터 업무 과정에 따라 배치된다. 연구실 테스트는 병원의 이곳에서, 엑스레이와 MRI는 저곳에서 진행한다. 병동도 절차별로 나뉜다. 무슨 진료를 하느냐에 따라 함께 일해야 할 때에도 건물의 각기 다른 곳에 위치하기도 한다. 덕분에 환자는 이리저리 왔다 갔다 해야 한다. 결국 장비의 설치비용이 높고, 수동적으로 처리해야 할 일이 증가하며, 일 처리가 느리고, 실수도 잦다.

비즈니스가 이윤을 추구하는 건 당연한 이치다. 제품이나 서비스가 아무리 좋아도 이윤을 내지 못하면 회사를 유지할 수 없다. 때문에 현대의 경영관리는 숫자 측정에만 초점을 맞춘다. 측정은 효율성을 증진시키기 위한 강력한 도구다. 그렇다고 해서 중요한 이슈 분석을 게을리 하는 것은 어리석은 짓이다. 사실 우리가 중요하다고 믿는 것일수록 측정이 어렵고, 중요하지 않다고 여기는 것은 측정이 쉽다. 불행히도 우리 사회는 우선적으로 고려되어야 할 중요한 것보다 측정의 욕구가 우선시되고 있다. 인생에서 중요한 대부분의 것들이 정성(定性)적임에도 우리는 정량적 측정과 기록에만 매달린다. 나는 현대 의학, 그중에서도 구체적으로 병원에 대해 이야기할 것이다. 현대 의학은 측정할 것도 기록할 것도 너무 많은 지경에 이르렀다. 그래서 정작 환자를 돌볼 시간이 없다.

컴퓨터와 차트가 점령한 병원

아침 6시 30분, 나는 놀랄 만큼 다양하고 활기찬 의사와 간호사들과 함께 있다. 이들은 지금 미국에서 가장 좋은 병원 중 한 곳의 소아과 병동에서 회진하는 중이다. 나는 국립연구소의 한 연구팀 일원으로 건강관리에 어떤 정보기술이 사용되는지를 살펴보고 있다.

우리는 첫 번째 환자를 만나러 복도를 내려가고 있었다. 우리 팀의 규모는 꽤 크다. 담당 의사와 다섯 명의 레지던트, 실습 마지막 단계를 거치는 의사들, 한두 명의 간호사, 그리고 내가 속한 연구팀 팀원 몇 명까지 포함한다. 담당 의사는 환자 치료와 레지던트 감독을 맡는다. 레지던트는 각자의 컴퓨터 카트를 밀어서 앞에 놓는다. 많은 곳에서 이것을 'COWscomputer on wheels'라고 부른다. 그러나 어느 병원에서 환자가 자신의 방 밖에서 의사들이 그 'COW(환자가 아무 정보 없이 들으면 자신을 '소'라고 부른다고 착각할 수 있다)'라는 단어가 자신을 가리킨다고 생각했다는 말을 듣고는, WOW라는 명칭으로 바꿨다고 한다.

COW는 사람이 선 상태에서 읽고, 입력하기 편하게 하기 위해 가슴 높이쯤 컴퓨터 화면과 키보드가 있다. 본체와 배터리는 아래에 있다. 다섯 대의 COW, 간호사가 밀고 있는 종이 파일들을 담은 캐비닛, 여기에 우리까지. 당연히 자리를 많이 차지할 수밖에 없다. 환자의 상황을 확인하려고 환자 앞에 멈춰 서면 레지던트가 COW를 그 환자의 상태를 요약한 화면으로 휙휙 넘기며 말한다. "칼슘 수치 적절, 백혈구 수치 낮음." 레지던트마다 환자의 다른 부위의 자료를 가지고 있다. 더 정확하게 말하면 서로 다른 연구실에서 나온 테스트 결과를 담은 화면을 보고 있다.

병원은 복잡한 곳이다. 다양한 운영 방식과 많은 요소들이 문제 없이 매끄럽게 소통해야 한다. 문제는 서로 다른 시스템을 갖춘 인터페이스에서 일어난다. 사람과 기계, 사람과 사람, 기계와 기계, 부서와 부서 등 분야를 가리지 않는다. 환자에게 입원실을 배치하는 문제를 생각해보자. 이는 내가 굉장히 주의를 기울여 살펴본 부분으로, 사람과 컴퓨터 화면, 각종 차트로 가득 찬 방에서 관찰했다. 나는 환자의 입원이 결정되거나 응급실, 집중관리실, 분만실, 회복실 등에서 환자가 발생하면 단순하게 빈 침대로 가면 된다고 생각했다. 하지만 아니었다. 침대는 여러 등급의 서비스 종류와 다른 몇 가지 고려 사항에 따라 결정됐다. 그 결과 또 다른 인터페이스가 만들어졌다. 새로운 복잡함이 탄생한 것이다.

한 의사는 우리 연구팀에서 환자 한 명당 의료행위에 할당된 시간은 15분밖에 되지 않는다고 말해주었다. 그리고 의학정보 컴퓨터 시스템이 요구하는 모든 정보를 기입하는 데는 20분이 걸린다고 했다. 밴더빌트대학교 의학 센터의 간호사들은 환자를 직접 보살피는데 업무 시간의 3분의 1만 투자한다고 한다. 남은 시간은 문서 작업과 기록 정리에 할애한다는 것이다.

"재밌군." 나는 화면으로 가득 찬 방(《그림 6-5》)으로 들어서며 혼잣말을 했다. 거기에는 수많은 주입 펌프와 컴퓨터 모니터가 있었다. 정보가 나오는 것을 알리는 반짝이는 빨간 불과 컴퓨터 화면에 뜬 흰색 그래프로 방이 가득 찼다. "흥미롭네요. 환자들 모두가 어떤 상태인지 볼 수 있게 모니터를 한 곳에 갖다 놨군요."하고 말했다.

"아닙니다. 이곳은 입원실인데, 무슨 말씀인가요?" 한 의사가 대답했다.

"그럼 환자는 어디에 있습니까?" 나는 근처 방 어딘가에 환자가 있다는 대답을 기다리며 물었다.

"저기 있잖아요."라고 답했다. 내 실문에 어리둥절한 게 분명했다. "방안 저기에, 바로 당신 앞에 있지요."

자세히 봤지만 환자는 안 보였다. 간호사가 걸어와서 다시 가리켰고, 나는 "오"하고 신음을 내뱉었다. 저 끝에 보일 듯 말 듯 환자가 있었다. 무수한 의학 장비와 각종 데이터가 빼곡히 들어찬 컴퓨터 화면들 사이에 환자는 묻혀 있었다. 이곳이 소아병동이라 환자가 작아서 그렇다고 하지만 그것을 감안하더라도 현대 의학의 현실을 정확하게 보여주고 있었다. 의사의 관점으로 환자는 테스트 결과이고 숫자 정보에 불과했다. 인간으로서의 환자는 없었다.

나는 다른 병원에서도 이런 모습을 보았다. 담당 의사는 환자의 문밖에 서서 레지던트가 말하는 검진 결과를 들었다. 그러고는 그 결과에 대해 토의한 뒤 처방을 내렸다. 우리는 곧바로 옆에 있는 입원실로 이동했고, 담당 의사가 열린 문을 노크했다. 그러자 환자가 고개를 내빼고 말했다. "포브스 박사님, 안녕하세요." 이것이 환자가 할 수 있는 최대한의 상호작용이었다. 환자는 어디로 간 걸까? 그들은 잊혀졌다.

뿐만 아니라 모든 측정 도구들은 인간에 해롭기까지 하다. 의학 잡지 「네오네이털 네트워크*Neonatal Network*」에서 발췌한 글을 보자.

이 신생아 집중관리실은 환기 장치와 다른 의학도구, 모니터 알람, 그리고 직원들의 대화와 들락거림 등 심각한 소음으로 가득 차있다. 아직 미성숙한 유아는 일상적인 배경 소음을 제거할 수 있는 능력이 없기 때문에 시끄러운 소리에 노출되면 스트레스를 받을 수 있고, 정상적인 두뇌 발달에 영향을 끼칠 수 있다.

이 결과는 신생아 집중관리실이 기준치보다 더 시끄럽다는 것을 보여준다. 아울러 전체적인 소음 수치를 낮추는 것을 포함해 관리실 환경을 좀 더 유용하면서도 해롭지 않도록 변화시키려는 시도를 평가할 필요가 있다고 제안한다.

병원은 환자를 숫자, 디지털 정보, 검사 결과로 평가한다. 검사를 하면 돈이 따라온다. 따라서 환자보다 검사에 집중한다. 입원실은 온통 기계로 북적거린다. 가끔 제조사별로 다른 기계들을 사용하기도 한다. 그때마다 기계를 작동시키는 방식이 달라 실수가 나오기도 한다(아마 디자인적인 결함이나 부조화를 탓하기보다 간호사들을 혼낼 것

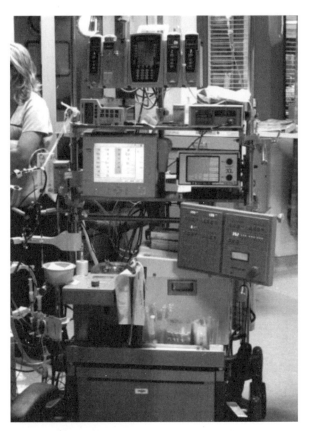

그림 6-5 환자는 어디에 있나?

병원은 의료용 측정기기로 가득차 있다. 병원 내의 전형적 병실은 서로 안 어울리는 정보와 제어 장치들을 갖춘 기구들에 의해 지배되고 있다. 여기에는 반드시 손으로 써서 작성한 환자의 진료 기록이 들어가야 하고, 이는 모두 빽빽한 숫자로 되어 있다. 정작 주된 사용자여야 하는 환자는 눈에 들어오지 않는다.

이다). 그 결과로 환자에게 유해할 정도의 소음 수치를 허용하게 되는 것이다. 의학기술이 점점 발달하고 있다는 사실은 의심할 여지가 없다. 그렇다면 과연 어느 정도나 우리 몸에 해를 끼칠까?

실행 중인 것을 분석해야 한다

'일본 사람들은 먼저 눈으로 먹고 그다음에 입으로 먹는다.'는 말이 있다. 음식의 모양이 맛만큼 중요하다는 뜻이다.

사용자가 제품과 나누는 총체적인 경험에는 제품 그 이상의 의미가 있다. 제품이 소비자에게 주는 이미지부터 기업의 이미지, 광고에서부터 선택, 구매, 배송, 사용법과 서비스까지 모든 과정이 우리를 만족시키기 위해 얼마나, 어떤 상호작용을 거치는지 생각해보자. 다시 말해 초기 선택에서부터 경험, 관계 유지에 이르는 모든 상호작용이 제품 경험의 범주에 포함된다.

제품 디자인은 상당한 관심을 받고 있다. 그에 비해 서비스 디자인은 아직 걸음마 수준이다. 상대적으로 서비스 디자인에 대해 알려진 것도 적다. 게다가 제품 디자인은 각종 대회에 참여할 수 있다는 매력도 있다. 심사위원들은 수상작을 고르기 위해 며칠을 고심한다. 나도 여러 대회의 심사를 맡았는데, 심사위원은 제품의 모든 측면을 평가하고 싶어 하지만 절대로 불가능하다. 제품은 너무 많고 시간은 없기 때문이다. 수백 개의 출품작(내가 심사를 맡은 어떤 대회에서는 출품작이 수천 개에 이르렀다) 중에서 정해진 심사 시간 안에 실용성이나 실행 가능성을 확인할 방법은 없다. 결국 겉모양을 기준으로 평가할 수밖에 없고, 제품이 얼마나 잘 작동하는지는 누구도 신경 쓰지 않는다. 사용하기 좋다고 해도 시장에서 얼마나 성공할 것인가를 고민하는 사람도 없다. 제품의 외형이 사용자의 선택과 전문가의 인정 여부를 좌우하는 것이다.

서비스는 제품과 달리 눈에 띄는 화려함이 없다. 서비스 디자인은 절차다. 그래서 완료된 상태가 아니라 실행 중인 상태를 분석해야 한다. 서비스의 질에 따라 회사가 성공하기도, 실패하기도 하지만 제품과 비교했을 때 정작 서비스 연구에는 늘 더 적은 예산이 투입된다. 이는 전 세계적인 문제. 독일의 쾰른 인터내셔널 디자인 스쿨에서는 서비스에 관심을 적게 기울인 결과 작동이 조잡한 시스템이 탄생했다고 지적한다.

이 분야에서 미약한 실행력은 둘째 치고 제대로 된 형식조차 없다는 것은 그다지 특별한 일도 아니다. 고객 입장에서 기업의 서비스란, 매일 끝도 없이 기다려야 하고, 약속을 지키지 않아 신뢰도 없으며 친밀하지도 않을 뿐더러 필요 없어 보이는 형식만 가득한 것이다. 서비스 제공자는 의욕 없는 직원들을 믿지 못하고, 고객이 지갑을 열지 않는 것에 슬퍼한다.

독일에서 직원 한 명당 제조 분야의 연구개발에 투자한 금액은 서비스 연구개발에 투자한 금액의 30배에 달한다. 이 숫자는 독일에서 나온 것이지만 다른 나라도 마찬가지다.

질 낮은 서비스 품질은 몇 가지 문제점을 보여준다. 첫째, 경영자들은 서비스를 당연한 것으로 여기기 때문에 조직의 서비스 기술 향상이나 직원들의 훈련에 관심을 두지 않는다. 둘째, 현대는 숫자 관리에만 얽매여 비용을 줄이거나 측정 가능한 성능 및 효율성을 개선하는 데에만 초점을 둔다. 서비스는 사람을 다루는 기술임에도 고객이나 직원의 만족도를 측정하는 것이 아니라, 지속 기간이나 작업 횟수를 측정한다. 고객이나 직원의 만족은 측정되지 않는다.

많은 출판물이나 서적들이 서비스의 중요성을 강조하고 있다. 미국 마케팅협회는 서비스에 대해 다양한 연구를 시행해왔다. 하지만 서비스 디자인의 인간적인 면에 대해 연구한 내용은 찾아보기 어렵다. 대부분의 서비스 연구는 운영의 효율성, 그중에서도 특히 예상되는 고객 유입에 대비해 비용을 최적화시키는 수학적 모델링에만 초점을 맞춘다. 그 결과 서비스의 경험적인 측면에서 서비스를 받는 손님이나 서비스하는 직원들을 위한 디자인 원칙은 설 자리를 잃었다.

서비스는 복잡하다. 하지만 서비스는 사람을 돕는 분야다. 게다가 사람으로 구성된 업무다. 현대화와 생산성 향상의 물결 속에서 우리는 인간경험의 가치를 쉽게 간과한다. 중요변수를 측정함으로써 우리는 약점과 변화의 방향을 확인할 수 있다. 하지만 제품과 서비스의 인간적인 면모를 잊어서는 안 된다. 이들과의 상호작용을 통해 혼란스러움을 줄여야 한다. 측정을 통한 효율성을 강조할수록 알베르트 아인슈타인의 지혜를 잊으면 안 된다. 이 물리학자는 이렇게 말했다.

"중요하다고 해서 반드시 셀 수 있는 것은 아니며, 셀 수 있다고 반드시 중요한 것도 아니다."

7장

대기시간의 디자인

대기열의 심리학

이유를 알 수 없는 기다림은 짜증을, 공정하지 않은 기다림은 화를 부른다. 기다림은 수용 능력에 비해 수요가 더 많이 몰려 처리 과정에 병목이 생겼다는 신호다. 복잡한 시스템의 가장 흔한 부작용이라 할 수 있다.

어떤 물건이나 정보를 한 시스템에서 다른 시스템으로 보낼 때에도 기다림이 발생한다. 이 상호작용이 어떤 관계(두 개의 조직, 두 사람, 두 대의 기계, 아니면 사람과 기계, 사람과 조직 등)에서 일어나는 것인지는 중요하지 않다. 정보를 받아들이는 쪽의 시스템이 먼저 준비되면 물건이나 데이터가 도착하기를 기다려야 한다. 반대로 물건이나 데이터를 보냈는데 수용 시스템이 아직도 이전 작업을 진행 중이라면 또 기다려야 한다. 이번에는 기다리는 동안 보관해야 할 장소를 물색해야 한다.

밀려드는 수요를 한꺼번에 처리할 수 없다면 어떻게든 이들을 다스릴 방법을 찾아야 한다. 들어오는 상품이나 손님들이 맞물리는 지점이 혼잡하여 잘 통과하지 못하는 상태를 '대기열' 또는 '줄'이라고 한다. 대기열이 길어지면 영업상의 손실이 생기고 장비들을 제대로 활용하지 못해 노동력이 낭비되고 손실이 누적된다. 컴퓨터 시스템은 대기 항목을 버퍼에 보관한다. 상점에서는 구매를 기다리며 선반에 진열한 물건을 상품이나 재고라고 부른다. 병원은 환자들을 대기실로 보낸다. 기다림은 어디에서든 찾을 수 있다. 책꽂이의 책이나 주방의 음식처럼 쌓여 있는 그 무엇은 모두 기다림이다.

그림 7-1 공항에서의 기다림

기다림은 삶의 필수 요소 중 하나일 수 있지만, 그것이 우리가 기다림을 즐긴다는 것을 의미하지는 않는다. 위 사진은 시카고 오헤어 국제공항의 모습. 아래의 두 사진은 멕시코 칸쿤에서 촬영한 것.

대기열은 제품이나 서비스를 제공하는 지점이 혼잡해 고객이 잘 통과되지 않고 기다리는 상태를 뜻한다. 이 단순한 개념은 우리 삶을 괴롭힌다. 사람들은 긴 줄에 서서 시간을 보내면서 효율성과 공정성, 그리고 기다림의 본질에 대해 수많은 질문을 던진다.

기다리는 줄이 여러 갈래일 경우에는 어떤 줄이 어디로 이어지는지 알기 어렵다. 알음알음 자신이 원하는 줄에 서더라도 정보가 부족하면 짜증이 난다. 얼마나 기다려야 하지? 끝까지 기다렸는데 잘못된 줄이라거나 필요한 서류가 없다고 말하면 어떻게 하지? 왜 다른 줄이 이 줄보다 빨리 줄어들지? 나는 천천히 앞으로 가는데 왜 어떤 사람은 특혜를 받는 거지? 왜 이렇게 비효율적이지? 끊임없이 의문이 밀려온다.

이런 기다림을 피할 수 없다면 조금이라도 덜 고통스러운 방법을 찾아야 한다. 이를 다룬 고전이 데이비드 마이스터David Maister의 『대기열의 심리학』이다. 마이스터는 기다리는 동안 즐거움을 향상시킬 수 있는 몇 가지 원칙을 제시했다. 하지만 그의 책이 출간된 1985년 이후에 더 많은 연구가 시행되었기 때문에 나는 마이스터의 초기 정신을 계승하되, 최근의 연구에 발맞춰 상당 부분 수정했다.

시스템 운용은 대기열에 대해 열심히 연구하는 분야다. 하지만 '비용을 최소화하면서 많은 고객을 처리할 수 있는 합리적 방식은 무엇인가?', '예상 고객을 모두 다루려면 몇 명의 직원이 필요한가?'와 같은 수학적인 효율성에 집중한다. 물론 이런 계산도 필요하지만 여기에는 고객과 직원이 어떤 경험을 하는지, 이들의 주된 관심이 어떻게 경험으로 연결되는지와 같은 인간 중심적 요소가 빠져 있다.

대기열을 디자인하는 6가지 원칙

어떻게 해야 대기열의 즐거움을 키울 수 있을까? 나는 최근의 행동 과학과 인지과학 연구를 바탕으로 대기열에서의 6가지 디자인 원칙을 세웠다.

① 개념적 모델을 제공하라

모든 디자인 요소 중에서 가장 중요한 부분이다. 개념적 모델은 혼란스러운 제품이나 서비스를 일관성 있고 이해 가능한 것으로 바꾼다. 대기열도 마찬가지다. 기다리는 사람에게 각각의 줄이 어떤 줄인지, 어떻게 들어가야 하는지, 줄의 앞쪽으로 가면 어떤 정보나 자료가 필요한지를 분명하고 확실하게 제시하는 것이 중요하다. 명확한 사회적 기표와 더불어 지속적 관찰, 아이디어, 원형, 확인, 교정과 같은 디자이너의 모든 역량이 동원되어야 한다.

훌륭한 개념적 모델은 앞으로 일어날 일을 예측하고 이해할 수 있게 돕는다. 이때는 충분한 피드백이 필요하다. 사용자의 감정을 가장 크게 자극하는 것은 불확실성이다. 적합한 피드백과 안정된 개념적 모델은 이런 불안을 없애준다.

문제가 생겼을 때 사람들이 원하는 것은 오로지 확신이다. 그들은 심지어 문제의 원인을 발견하지 못했다는 설명에도 안심한다. 관계자들이 문제를 인지하고 있고, 이를 위해 노력하고 있다는 사실을 확인했기 때문이다. 결국 기다리는 사람들을 위한 디자인은 신경 쓰고 있다는 증거와 확신을 줌으로써 불확실성을 줄여야 한다.

206

병원은 최악의 기다림을 경험할 수 있는 곳 중 하나다. 긴장한 환자와 가족들이 모인 대기실 분위기는 저절로 불안한 감정을 불러일으킨다. 어떤 일이 벌어질지, 얼마나 심각한지, 이곳에 얼마나 있어야 하는지에 대한 정보를 주는 사람은 아무도 없다.

물론 여기에는 납득할 만한 이유도 있다. 환자의 상태를 아는 사람이 아무도 없거나, 병원 직원의 일이 몰렸거나, 행정적이고 법률적인 이유로 정보를 공개할 수 없는 경우도 있다. 하지만 대부분은 환자에 대한 배려심이나 이럴 때 적용해야 할 적합한 디자인이 없기 때문이다. 병원은 보험회사, 병원 소유주, 행정당국, 의사, 간호사, 직원, 그리고 환자와 같이 다양한 집단의 관심사를 염두에 두고 디자인되어야 한다. 하지만 이들 위해 시간과 노력과 돈을 투자하는 병원은 거의 없다.

병원 관계자들은 너무나도 바쁘다. 또한 고통이나 죽음과 같은 강렬한 감정에 개입하기 때문에 기다림의 문제를 해결하는 것은 결코 쉬운 과제가 아니다. 그들은 의학적 상태의 복잡함과 불확실성을 설명할 적합한 방법을 모른다. 의학정보나 기록은 보호받아야 할 프라이버시이므로 법률적인 문제가 두려운 나머지 필요 이상으로 이야기를 제한하기도 한다. 이런 상황을 두고 기다림의 즐거움을 유발하는 디자인을 만들기 어렵다. 하지만 분명히 말할 수 있는 것은 이 경험도 개선될 수 있다는 것이다.

② 기다림을 이유 있게 만들어라
사람들을 기다리게 하려면 그 전에 타당한 이유를 알려줘야 한다. 이것이 설명과 피드백의 역할이고, 공정함의 중요한 조건이다. 기다린다는 것의 합리성은 상황을 풀어나가는 방식에 따라 다르다. 이를 위해서는 개념적 모델이 중요한 역할을 해야 한다. 백스테이지에서 벌어지는 상황을 납득한 사람들은 기다림의 필요성을 적절하게 받아들인다.

기상 악화로 인한 항공기의 지연처럼 사람의 능력을 넘어선 문제로 기다려야 한다면 사람들은 대체로 기다림을 이해하고 받아들인다. 그렇다고 참을만하다는 이야기는 아니다. 최소한 장애물 하나는 넘은 것으로 생각하면 된다. 바쁜 레스토랑이나 사람이 많은 놀이공원처럼 기다림의 이유가 분명할 때에도 대기시간만 적절하다면 견딜만하다고 느낀다.

하지만 명백한 이유를 모르거나, 이유는 알지만 그것이 부적절하다고 느끼게 되면 기다림 자체를 납득하지 못한다. 비록 줄이 느리게 줄어들더라도 모든 직원이 자리에 앉아 열심히 일하고 있으면 인내심을 가지고 기다린다. 공항의 세관심사 같은 곳이 그렇다. 하지만 서비스를 받으려는 사람은 많은데 소수만 서비스를 제공하는 상황이 계속된다면 수요에 적절히 대응하지 못하는 서비스 제공자를 비난하기 시작한다. 서비스 인력은 있는데 그들이 제대로 일하지 않는다면 상황은 더욱 악화된다. 만약 서비스 직원이 휴식을 취해야 한다면 절대로 기다리고 있는 고객의 눈에 띄지 않아야 한다.

이렇듯 적절함에 대한 인식은 개념적 모델과 뒤섞이면서 일어난다. 사람들은 왜 기다리는지, 왜 어떤 직원은 일하지 않는 것처럼 보이는지, 줄 앞쪽에선 무슨 일이 일어나는지를 알고 싶어 한다. 궁극적으로 이 기다림이 적합하냐 아니냐에 대한 판단은 상황과 개념적 모델의 조합에서 나온다. 기다림의 조건은 납득할 만한 이유와 적절한 대기시간이다. 그 수준과 비슷하게 서비스 제공자가 요구에 적절히 대응하고 있는 것처럼 인식되어야 한다.

③ 기대를 충족시키거나 그 이상을 주어라

기다림에서 얻는 경험은 소비자의 기대를 넘어서야 한다. 많은 곳에서 기다리고 있는 사람들에게 예상 대기시간을 알려준다. 이 시간은 과도하게 책정하는 것이 좋다. 실제 대기시간이 예상시간보다 짧으면 사람들은 기쁨을 느낀다.

④ 사람들이 무언가를 하게 하라

이 규칙을 이해하려면 물리적 변수와 심리적 변수의 차이를 이해해야 한다. 둘은 비슷할 것 같지만 전혀 다르다. 물리적인 시간과 거리는 정확하게 예측하고 계산할 수 있지만 기다림에 대한 사람들의 인식은 물리학이 아닌 심리학의 지배를 받는다. 게다가 현장에서 느끼는 것과 나중에 기억하는 것에도 차이가 있다.

기다림은 심리적인 정신활동의 영향을 받는다. 따라서 여러 일정으로 바빴던 시간이 한가해서 여유로웠던 시간보다 훨씬 빨리 가는 것처럼 느껴진다. 대기 중인 사람에게 적절한 활동을 제공하면 지겨운 기다림도 긍정적인 경험으로 바뀔 수 있다. 그들이 목적을 달성하고 나가면서 미소 지으며 "그렇게 나쁘지 않네."라고 하거나, 심지어는 "재미있었다."고 말하게 만들자. 사람들이 대기열에 대한 부정적인 예측을 가지고 시작하는 것도 도움이 된다. 기다림에 대한 인식을 좋게 해줄 무언가를 찾기가 더 쉬워지기 때문이다.

가득 찬 시간이나 공간, 그리고 빈 시간이나 공간의 차이를 대기열의 디자인에 활용할 수 있다. 줄이 빨리 줄어들고, 더 짧아 보이고, 볼거리나 할 일로 가득 차게 만들어라. 기다림을 즐겁게 만드는 한 가지 속임수는 줄을 줄처럼 보이지 않게 디자인하는 것이다. 엔터테인먼트 산업, 특히 테마파크에서 이런 사례를 찾아볼 수 있다. 디즈니가 운영하는 테마파크는 대기열을 관리하는 기술로 유명하다. 시각적으로 줄이 짧아 보이도록 줄을 휘게 했고, 재밌거리를 제공해 대기 중인 사람들이 즐길 수 있게 했다. 긴 줄도 경로를 현명하게 배치하면 얼마든지 짧아 보일 수 있다. 줄 앞쪽이 잘 보이지 않도록 줄을 굽히는 것이다. 가끔은 기다리는 사람들이 목표로 하는 것의 일부분이 그들 앞으로 지나가게 한다. 이제 곧 자신도 목표를 이룰 수 있다는 기대감에 쌓이면서 사람들은 줄이 짧다고 느낀다.

레스토랑이라면 음료와 애피타이저를 먼저 주문받아 메인 요리를 기다리는 동안 맛볼 수 있게 하고, 회사에서는 기다리면서 필요한 서류 작업을 할 기회를 주거나 교육 자료를 제공할 수 있다. 놀이공원에서는 공간과 인원이 제한된 놀이기구나 특별한 체험 순서를 기다리는 사람에게 앞으로 경험하게 될 일에 대한 간단한 설명이나 활동을 제공하는 것이다. 이 모든 과정에서 사람들은 기다림을 참을 만하게 느낄 뿐 아니라, 연관된 활동을 미리 경험함으로써 기다리는 시간이 줄어들었다고 생각한다.

⑤ 공정하게 하라

감정은 생각지도 못한 요소들의 영향을 받는다. 기다림이 합리적으로 보이고, 누구도 비난할 사람이 없을 때는 부정적인 감정이 생기지 않는다. 반면 사실이 아니더라도 무언가 비난할 것이 생기면 나쁜 생각이 든다. 따라서 대기열이 임의적이고 예측 불가능하며, 최악의 경우 불공정한 것처럼 보일 때 사람들의 감정은 급속도로 불쾌해진다.

다른 사람이 불공정한 특혜를 받지는 않았는지, 다른 사람이 새치기를 한 것은 아닌지, 줄을 설 필요가 없는 사람이 있는지와 같은 공정성에 대한 불신이 부정적인 감정을 끌어올린다. 자신의 예상보다 더 오래 기다리게 되면 상태는 심각해진다. 기다림에서 좋은 경험을 결정짓는 가장 강력한 기준은 공정한 대우를 받았는지의 여부다. 대기줄이 긴데 누군가 특혜를 받아 중간에 끼어들거나 먼저 목표를 달성하면 분노가 쌓인다.

여러 줄이 있을 때의 문제는 다른 줄이 더 빠르게 움직이는 것처럼 보이는 것이다. 고속도로의 옆 차선이나 마트의 계산대 줄을 생각하면 된다. 항상 더 빠른 줄이 있기 마련이다. 서비스 제공자마다 처리하는 속도가 다르기 때문이다. 빠르게 일을 처리하는 직원이 있는가 하면, 느리게 처리하는 직원도 있다. 어떤 줄에 있어도 그 줄이 가장 느린 것처럼 느껴진다. 우리는 자신이 서 있는 줄보다 다른 줄에 있는 사람이 더 빠르게 움직이면 주시하고 기억한다. 우리 줄이 다른 줄보다 더 빠르게 움직일 때는 신경도 쓰지 않는다. 이런 비대칭성은 줄을 선다는 것이 불공평하다는 인식을 심어준다. 한 심리학 실험은 모든 줄이 똑같은 속도로 움직여도 사람들은 자신의 줄이 가장 천천히 움직인다고 생각한다는 것을 증명했다.

따라서 가장 좋은 대기열 디자인은 한 줄로 되어 있다가 줄 끝에서 여러 서비스 제공자로 갈리지는 것이다. 한 줄일 때는 공정함에 대한 인식이 높아진다. 줄의 마무리에서 여러 명의 제공자가 있는 모습은 각각의 줄마다 서비스 제공자가 한 명 있는 것보다 줄이 더 빨리 움직이는 것처럼 느끼게 한다.

⑥ 강하게 끝내고 강하게 시작하라

우리는 전체 사건에서 어떤 부분을 가장 잘 기억하는가? 이는 많은 심리학자들이 연구에 착수한 질문이다. 독특한 경험은 언제나 도드라지게 기억된다. 하지만 입구에 들어와서, 기다리다가, 볼 일을 보고, 출구로 나가는 것이 비교적 일정하다면 이 과정에서 기억에 가장 큰 영향을 미치는 순서는 끝, 시작, 중간이다. 이를 '서열 위치 효과'라고 한다. 오랫동안 불쾌한 사건이 일어나더라도 사건의 마무리 시간, 즉 끝 부분에 덜 불쾌한(그렇지만 여전히 불쾌한) 일이 일어나면 그 사건은 시작에 비해서는 긍정적으로 인지된다는 결론을 발표한 연구도 있다. 서열 위치 효과는 지극히 반직관적이다. 왜냐하면 아주 잠깐 수준이 조금 낮은 불쾌함이 들어갔다는 점만 빼면 이 사건 자체가 긴 불쾌감으로 남기 때문이다. 하지만 기억을 지배하는 것은 마지막이다. 이 실험의 핵심은 명확하다. 마지막을 긍정적으로 장식하라.

기다림에 대한 디자인적 해법

나라마다 기다림에 대한 문화가 다르다. 먼저 줄을 서야 하는가에 대한 것부터 의견이 나뉜다. 어떤 문화권에서는 예의 바르게 줄을 맞춰 서는 것을 미덕으로 여긴다. 반면 목소리가 크거나 힘센 사람이 이겨 왔던 문화권에서는 사람들이 강하게 앞으로 치고 들어간다.

세계를 여행하다 보면 그 차이에 놀란다. 런던 사람들은 순서에 맞춰 참을성 있게 줄을 선다. 베이징과 카사블랑카에서는 기차역에서 표를 달라고 외치는 혼란스러운 군중을 볼 수 있다. 여러 아시아 국가에서는 사람들이 서비스 제공자가 있는 카운터 주변으로 몰려든다. 내 중국인 친구의 설명에 따르면 서양의 줄 서기 문화는 아무것도 하지 않은 채 마냥 기다리는 것이 특징이라고 한다. 반면 서비스 직원 근처로 몰려든 동양의 군중들은 겉으로 보기에는 무질서해 보여도 즉각적인 관심을 받을 수 있다. 물론 다른 사람의 요구 때문에 그 직원의 관심도 금세 끊기겠지만 짧은 시간에 목적에 접근할 수 있다. 두 시스템 모두 결과적으로는 똑같은 시간이 걸린다. 하지만 아시아권의 방식은 자신이 목표를 향해 계속 나아가고 있다는 느낌이 들게 한다.

문화에 따라 줄 서는 규칙도 다르다. 어떤 문화에서는 뒷사람의 양해 없이 당신의 앞이나 뒤에 다른 사람이 들어오게 할 수 있다. 반면 이미 기다리던 사람들의 거센 원성을 듣는 곳도 있다. 다른 사람을 위해 자리를 비워주는 것, 긴 줄에서 잠시 자리를 떠났다가 제자리로 돌아오는 것 역시 문화에 따라 가능하기도 하고 불가능하기도

하다. 이러다보니 아주 인기 있는 행사의 표를 판매할 때 자신이 줄 선 자리를 팔거나, 흥미로운 제품이 출시되어 밤새 줄 서야 하거나 줄 이 길 때 대신 줄 설 사람을 고용하는 경우가 생기기도 한다.

특정 사건이나 제품, 인물 등의 다양한 요소로 줄 서기 문화가 바뀌기도 한다. 맥도날드는 홍콩의 줄 서는 규칙을 바꿨다. 식민지 시 대였던 1960년대 홍콩의 사회적 분위기는 품위와는 거리가 멀었다. 계산하거나, 버스를 타거나, 기차표를 사려면 완력이 필요했다. 1975 년에 맥도날드가 처음 문을 열었을 때 고객들은 계산대 주위로 몰려 들었고, 자신의 순서를 외치면서 앞에 있는 사람의 머리 위로 돈을 흔들었다. 문화의 차이를 체감한 맥도날드는 곧 직원을 도입했다. 고 객들이 질서정연하게 줄맞춰 설 수 있도록 도와주는 어린 여성들을 고용한 것이다. 이때부터 줄서기는 곧 홍콩의 세계주의, 중산층 문화 의 상징이 되었다.

이처럼 문화는 변할 수 있다. 하지만 문화는 변하는 모든 것 중 에서 가장 더디다. 변화가 완성되는 데에는 몇 년, 아니 몇 십 년이 걸 릴지도 모른다. 대기열처럼 문화의 영향을 많이 받는 시스템은 아무 리 기술이 발달해도 그에 발맞춰 혁신이 일어날 것이라고 착각해서 는 안 된다.

기다림이 지속되면서 생기는 비효율성을 해결할 방법을 충분히 고민한 뒤 천천히 접근할 수 있는 방법을 찾는 것이 먼저다.

이중 버퍼링을 제공하라

이미지를 빠르고 매끄럽게 보여주는 것이 중요한 컴퓨터 그래픽 세계에서는 기다림의 비효율성을 두 개의 저장 영역 사이, 즉 두 버퍼 사이를 오가며 해결한다. 하나의 버퍼가 사용 중일 때는 다른 버퍼가 채워지는 것이다. 첫 번째 버퍼의 디스플레이가 완료되면 이번에는 곧바로 두 번째 버퍼로 디스플레이가 옮겨진다. 따라서 매끄러운 이미지 표시에 아무런 방해도 받지 않는다. 그리고 두 번째 버퍼가 이미지를 표시하는 데 사용되면 첫 번째 버퍼는 그다음 이미지에 필요한 정보를 채운다.

이 방식을 놀이공원이나 불특정 다수를 서비스하는 상황에 적용할 수 있다. 한 번에 여러 사람이나 하나의 무리를 상대해야 할 경우, 먼저 기다렸던 집단이 즐기는 동안 자신의 차례를 기다리는 사람들은 줄을 선다. 어떻게 이들이 즐겁게 기다리도록 해줄 수 있을까? 우리는 이것을 경험으로 변모시켰다.

먼저 기다리는 사람 수만큼을 모아서 두 번째 그룹을 만들었다. 그러고는 '브리핑' 또는 '준비'라고 부르는 특별한 방으로 안내했다. 그곳에서 사람들이 즐길 수 있는 거리를 제공한다. 그들이 앞으로 겪게 될 일에 대해 설명해주거나, 기다리고 있는 행사의 이야기와 배경지식을 들려주는 것이다. 사람들은 이 과정을 줄에서 기다리는 것이 아닌 전체 경험의 일부로 인식했다. 그렇다. 여전히 뒤에는 줄을 서서 기다리는 사람이 있었다. 하지만 이전보다 많은 사람들이 기다리는 동안에도 무언가를 즐기기 때문에 기다리기만 하는 줄은 더 짧아졌다. 즉 모두가 이기는 게임인 것이다. 이러한 방식을 '이중 버퍼링'이라고 한다. 이는 단일 버퍼링의 단점을 보완하는 데 무엇을 기준으로 하느냐에 따라 다양한 방식을 적용할 수 있다.

슈퍼마켓의 계산대를 생각해보라. 계산원이 고객이 고른 제품을 하나씩 계산하고 나면, 고객이 결제하고 떠나는 모습이 떠오를 것이다. 계산원과 고객 모두 오랜 시간 서로를 기다려야 하는 이 방식은 비효율적이다. 구체적으로 어떤 부분이 비효율적인지 알아보기 위해 계산원과 고객의 전형적 경험을 그려보았다.

이전 고객이 떠나고 계산원이 준비될 때까지 기다리기
↓
계산대로 걸어가기
↓
계산대에 물건 올리기
↓
신용카드나 돈, 수표 찾기
↓
결제하기
↓
잔돈과 영수증을 챙기고 신용카드와 지갑 정리하기
↓
구매한 물건 담기
↓
계산대 떠나기

이 과정이 끝나면 다음 손님이 동일한 단계를 거친다. 고객의 관점에서 이 과정은 '기다리기, 이동하기, 물건 올려놓기, 기다리기, 결제하기, 물건 담기, 떠나기'로 보인다. 계산원의 관점에서는 '기다리기, 물건 계산하기, 기다리기, 결제수단 받기, 영수증 주기, 기다리기'다. 이것은 과정에 연관된 모든 사람의 활동을 정리한 과제 분석으로, 변화가 필요한 문제영역을 찾을 때 효과적인 연구방법이다.

버퍼링 원칙은 공간 이중 버퍼링과 시간 이중 버퍼링으로 나눌 수 있다. 먼저 공간 이중 버퍼링은 양면으로 된 계산대 디자인에서 볼 수 있다. 계산기 앞에 있는 계산원의 양쪽(오른쪽과 왼쪽)으로 고객이 줄을 서는 것이다. 계산원은 왼쪽 고객의 계산이 끝나면 이미 준비를 끝낸 오른쪽 고객의 물건을 계산한다. 그동안 왼쪽 고객이 짐을 싸고 떠날 수 있는 시간과, 같은 쪽의 다음 손님이 물건을 준비할 시간이 생긴다. 계산원이 양쪽을 왔다 갔다 하는 사이 서비스를 받지 않는 쪽에 있는 고객은 초반 준비나 후반 정리를 할 시간을 확보할 수 있다. 고객과 직원 모두 효율적이며 즐겁게 계산을 즐길 수 있다.

이중 버퍼링을 활용한 두 번째 방법은 시간을 기준으로 하는 것이다. 운영을 분리할 수 있는 충분한 선형 공간, 즉 계산 준비, 물건 계산, 그리고 정리를 할 수 있는 영역을 제공하는 것이다. 따라서 첫 번째 고객이 계산을 끝내기 전에 다음 고객의 준비 버퍼가 시작된다. 이것을 잘 활용한 것이 슈퍼마켓의 계산대다.

슈퍼마켓에는 준비, 계산, 정리가 분리되는 선형 공간이 있다. 준비 위치에서 계산 위치까지 자동으로 물건을 움직여주는 벨트가 그것이다. 이 벨트는 길이가 길어서 여러 고객이 물건을 놓을 수 있고,

그 사이 사이에 물건을 분리할 수 있는 막대가 있다. 계산 하나가 끝나면 벨트는 다음 고객의 물건을 계산원 앞으로 옮겨 주고, 그다음 고객이 짐을 올릴 수 있도록 자리를 비워준다. 계산이 끝나면 다른 직원이나 고객이 구매한 물건을 정리할 수 있도록 넓은 정리 장소로 물건이 옮겨진다. 그동안 계산원은 다음 고객의 일을 처리한다.

맥도날드에서 흔히 볼 수 있는 드라이브 스루 레스토랑도 시간 이중 버퍼링의 원리를 이용한 것이다. 고객은 주문창구로 차를 몰아 그곳에서 주문한다. 그러고는 주문한 음식을 받은 곳으로 다시 차를 이동시킨다. 두 위치의 사이는 때로는 건물의 코너를 돌아야 할 정도로 의도적으로 길게 설계된다. 여기에는 두 가지 이유가 있다. 첫째는 다음 고객을 위해 주문 자리를 비워주기 위해서다. 둘째는 두 장소 사이를 운전하는 데 걸리는 시간에 직원들이 주문을 처리하는 것이다. 주문과 물건을 받고 계산하는 두 단계를 분리함으로써 두 개의 줄이 들어가는 공간이 생긴다. 하나는 주문을 위해 기다리는 줄(이때 고객은 메뉴를 보면서 무엇을 주문할지 결정하므로 기다리는 시간이 유용하다)이고 다른 하나는 주문된 물건을 받고 결제하는 줄이다. 어떤 곳에서는 물건을 받기 전에 결제 위치를 한 번 더 분리함으로써 더 높은 효율성을 꾀하기도 한다.

많은 커피숍이나 패스트푸드 음식점이 음식을 주문하는 곳과 받는 곳을 따로 나눈 선형 시간 이중 버퍼링의 형태를 취한다. 이 방식은 운영을 분리시켜주기 때문에 효율성을 극대화한다. 주문하려는 사람들은 이전 고객이 결제한 음식을 가져갈 때까지 기다릴 필요가 없다. 더구나 줄도 여러 개로 분리할 수 있다. 이런 배치는 주문이 순서대로 처리되지 않는 경우 더욱 필요하다. 빨리 준비되는 음식은 물건을 받는 줄에서 먼저 받고, 복잡한 과정이 필요한 음식은 늦게 나간다. 만일 하나의 줄만 있다면 차례로 음식을 준비하는 데 걸리는 시간의 속도만큼 줄도 늦게 줄어들 것이다.

기다리는 상황을 디자인하라

10명의 서비스 제공자(은행원, 계산원, 티켓 판매원 등)가 고객을 상대한다고 하자. 고객이 10개의 줄로 나뉘면 각각의 줄 길이는 10분의 1로 짧아지겠지만, 줄이 줄어드는 속도로 마찬가지로 10분의 1이 된다. 하지만 하나의 줄을 유지하면 줄의 가장 앞에 선 사람은 10명의 계산원 중 지금 바로 서비스 제공이 가능한 사람에게 갈 수 있다. 이때 하나의 줄은 10개의 줄보다 10배 빠르게 움직인다. 다수의 제공자로 향하는 단일 줄은 가장 빨리 움직일 뿐만 아니라, 가장 공정하다는 인식도 심어준다. 게다가 줄이 여러 방향으로 꺾여 있으면 시각적으로도 짧아 보여 더욱 이상적이다.

이런 시스템에도 해결해야 할 과제는 있다. 고객은 각 줄마다 한 명의 서비스 제공자가 있는 것보다 하나의 줄이 여러 명의 제공자로 이어질 때 더 공정하다고 생각한다. 앞에서 말했듯이 전체 고객 수가 동일하더라도 줄 한 개가 줄 여러 개보다 빨리 줄어들기 때문이다. 이때 공정함에 대한 인식이 엄청나게 상승한다.

단일 줄에서는 사람들을 적절한 서비스 제공자에게 안내하는 것이 큰 어려움이다. 서비스 제공자가 많은 경우 누가 지금 일을 처리해 줄 수 있는지 구분하기 어렵다. 때로는 줄을 선 사람이 직접 구분해야 한다. 줄 앞쪽에서 서비스 제공자와 가까이 있는 사람들끼리 서비스 제공자에 대한 정보를 나누기도 한다. 심지어는 앞의 고객이 떠났음에도 바로 서비스할 수 없는 상황도 있다. 고객은 이제 준비가 됐다는 신호가 올 때까지 기다리고, 서비스 제공자에게 다가가 짐을 푼 다음에야 본격적인 서비스가 시작되므로 여기서 비효율성이 증가한다. 또 다른 이중 버퍼 문제를 해결해야 하는 순간이다.

때로는 직원이 대기열을 관리함으로써 문제를 해결하기도 한다. 줄 앞에 미리 배치되어 고객을 준비된 직원에게 안내하는 것이다. 나는 각각의 서비스 직원 앞에서 고의적으로 줄을 둘로 나누는 형태도 보았다. 이런 줄에는 한 두 사람 정도만 서 있다. 주로 공항 이민국이나 세관에서 이런 방식을 사용한다. 각각의 직원 앞에 언제나 한두 사람을 확보해 놓음으로써 다음 사람이 준비하는 데 걸리는 시간을 줄이는 것이다. 하지만 앞에 있는 사람이 복잡하고 시간이 걸리는 일을 처리하면 뒷사람은 불공정하다고 생각할 위험이 있다. 민첩한 직원이라면 이런 사람을 빨리 다른 줄로 옮겨서 이 상황을 해결해야 한다.

지금까지 고객이 대기하는 절차를 영리하게 변형한 해법을 소개했다. 이 외에도 어떤 직원이 지금 서비스 제공이 가능한지를 알려주는 전자 표시판도 있다. 서비스를 제공할 수 있는 직원의 위치를 가리키는 반짝이는 불빛, 화살표가 있는 화면, 서비스 내용이나 숫자가 나오는 화면 같은 도구들이 그것이다.

도착하는 고객에게 순서가 적힌 종이를 제공하는 것도 하나의 줄에 다수의 서비스 제공자를 연결하는 방식의 다른 버전이다. 서비스의 종류에 따라 다른 번호를 부여하기도 한다. 고객들은 줄 서서 기다리지 않고 앉거나 서서 돌아다닐 수 있다. 주로 은행이나 공공기관같이 불특정 다수가 몰리는 곳에서 볼 수 있는 이 시스템은 고객이 받을 서비스 형태에 다라 다르게 대처할 수 있다는 장점이 있다.

미국 운전면허 관리공단은 이런 방식을 잘 활용한다. 건물에 들어가면 직원의 안내를 받게 되는데, 이들은 고객이 필요로 하는 업무를 파악한 뒤 적절한 줄을 확인한다. 그 다음에 고객이 가야 할 줄에서의 순서를 알려주는 종이를 나눠준다. 운전면허 시험을 기다리는 사람들 중 면허증을 갱신하거나 서류만 제출하면 되는 사람은 시험을 치르는 사람과 다른 줄에 선다. 이때는 번호 자체가 피드백이다. 사람들은 현재 서비스 받고 있는 사람의 번호를 자신의 번호와 비교하여 얼마나 차이가 나는지 파악할 수 있다.

여기에서 발전된 것이 사람들에게 호출기를 나눠주고 그들의 순서가 되면 호출기가 울리는 방식이다. 사람들에게 돌아다닐 자유를 준다는 장점이 있다. 하지만 줄의 길이를 관찰할 수도 없고, 현재 서비스를 받는 번호도 알 수 없다는 단점이 있다.

예약은 줄 서서 기다리는 고통을 줄이는 한 가지 방법이다. 예약하지 않은 사람에게도 공정하고 합리적이다. 이들도 미리 앞서 계획하기만 하면 예약의 혜택을 누릴 수 있기 때문이다. 예약 시스템을 변형해 사람들에게 지정된 시간에 입장할 수 있는 표를 배부할 수도 있다. 미래의 어떤 시간이라도 상관없다. 사람들은 줄 서서 기다리는 대신 다른 일을 하다가 그 시스템이 준비되었을 때 나타나면 된다.

놀이공원에서 놀이기구의 긴 줄을 다룰 때도 예약 제도를 사용한다. 사인을 하면 작은 호출기를 나눠주는 것이다. 호출기를 받은 사람들은 자유롭게 돌아다니면서 다른 즐길 거리를 경험할 수 있다. 호출기를 가진 사람들이 놀이기구를 탈 수 있을 때가 되면 호출기가 울리거나 진동한다. 이때 놀이기구를 타러 가면 된다. 레스토랑에서는 대기요원이 이런 일을 한다. 카운터에 이름을 적으면 호출기를 나눠주고 테이블이 준비되면 호출한다. 이때 기기에서 울리는 소리나 번쩍거림, 진동으로 우리는 들어가서 앉을 준비가 된 것을 알 수 있다. 각각의 시스템마다 나름의 문제가 있지만 이 모든 것은 길고 불편한 대기열 문제를 해결하기 위한 디자인적인 노력의 일환이다.

디즈니랜드는 긴 줄을 피하는 방법으로 '패스트 패스'라는 이름의 특별한 패스권을 제공한다. 누구나 이 패스권을 가질 수 있지만 단 한 번만 쓸 수 있다. 이것은 사람들을 줄 앞으로 보내주는 것이 아니라, 서비스 시간을 보장하는 것이다. 운영 원리를 보자. 먼저 이용할 놀이기구 앞에 있는 발권기에서 패스트 패스 티켓을 받는다. 패스트 티켓에는 지정된 시간(1시간)이 적혀 있는데 그 사이에 오면 된다. 물론 바로 탈 수 있는 건 아니지만 정상적인 줄에 비하면 대기시간은 극히 짧다. 패스트 패스는 단 한번만 사용할 수 있으므로 이후 다른 놀이기구를 타려면 일반적인 방식으로 줄을 서야 한다. 따라서 티켓에 지정된 시간 외에는 대부분이 사람들이 놀이공원을 구경하거나 다른 놀이기구를 타는 데 시간을 보낼 수 있다.

패스트 패스를 이용하면 일반적으로 줄을 설 때보다 빠르게 놀이기구를 탈 수 있다. 이때는 일반 줄에 서 있는 사람도 기분이 나쁘지 않다. 이들에게도 패스트 패스를 선택할 권리가 있지만 그 놀이기구를 선택하지 않은 것일 뿐이기 때문이다. 패스트 패스는 오직 한 번만 허용된다는 공정함을 갖췄다.

인근 테마파크인 유니버설 스튜디오는 모든 놀이기구의 앞줄에 설 수 있는 티켓을 판다. 물론 일반 티켓보다 훨씬 비싸다. 이 티켓은 논란을 일으키며 대중들의 뭇매를 맞았다. 디즈니랜드와 유니버설 스튜디오를 모두 방문한 사람은 디즈니랜드의 시스템은 공정하고 타당해 보였지만 유니버설 스튜디오에서는 불쾌함을 느꼈다고 말했다. 결국 돈 많은 사람이 먼저 놀이기구를 탈 수 있다는 건데 이는 전혀 공정하지 않다는 것이다. 한 커뮤니티에는 '정말 기분 나쁘다. 이미 입장료를 냈는데 돈을 더 낸 사람만 이용할 수 있다는 시스템은 부낭하다.'는 분노의 글이 올라왔다.

기억으로 행동을 지배하다

어떤 일이 일어나는 동안의 경험과 그 경험을 나중에 회상하는 것 중 무엇이 더 중요할까? 추상적으로 생각하면 어려운 질문 같지만 우리의 미래 행동이 기억의 지배를 받는다는 사실을 생각해보면 알 수 있다. 기억은 실제보다 훨씬 중요하다. 목격자의 법정 증언이 신뢰도가 떨어진다는 것과 사람의 기억이 아주 쉽게 왜곡될 수 있다는 사실은 이미 잘 알려진 이야기다.

인간의 기억력에 대한 어느 연구는 '회상은 경험을 능동적으로 다시 쌓아가는 과정이고, 왜곡의 가능성이 크다.'고 주장한다. 끝날 때의 경험이 처음이나 중간 경험보다 훨씬 더 중요하다는 것도 하나의 이유다. 그러므로 고객이 실제로 줄 서서 기다리는 상황보다 나중에 그 상황을 떠올리는 순간에 '기다림'에 대해 긍정적인 인상을 받도록 해야 한다.

또한 전체적인 경험은 부분적인 경험보다 훨씬 중요하다. 서던캘리포니아대학교 마셜 비즈니스 스쿨의 리처드 체이스Richard Chase와 스리람 다수Sriram Dasu 교수는 긍정적인 요소와 부정적인 요소를 섞는 효과적인 전략을 제시했다. 마지막을 강하게 끝내고 즐거운 부분들을 분리하되, 안 좋은 경험은 중간에 포함시키는 것이다. 여기에 인간의 기억력을 다룬 많은 다른 연구들을 거치면서 기다림에 대한 디자인의 기본 원칙이 확고해졌다. 마지막을 다스려서 집에 가져갈 추억을 주며, 강하게 시작하고 강하게 끝내는 것이다. 어쩔 수 없이 즐겁지 않은 부분이 있다면 중간에 심어야 한다.

스텐포드대학교의 경영과학 교수인 밥 서튼Bob Sutton은 사람들이 찍은 사진에는 당시 상황과 관련된 기억의 조각들이 덧붙는다고 말했다. 놀이공원에서 줄 서서 기다리는 동안 가장행렬에 참여하도록 하고 행복한 순간을 사진으로 찍어 제공하면, 즐거웠던 순간은 기록으로 남게 되고 그 사진을 볼 때마다 좋은 기억만 강화되는 것이다.

기다림을 즐거움이 극대화되는 시간으로 만들 수도 있다. 앞에서 논의한 것과 같이 주의를 다른 곳으로 돌리는 것들, 즉 사람들이 좋아할만한 과제를 내놔 기다리는 동안 즐거움을 제공할 수 있다. 은행에서는 기다리는 고객들을 위해 TV를 설치했다. 엘리베이터 근처에 전신거울을 놓고 사람들이 기다리는 동안 자신을 볼 수 있게 한 건물도 있다. 공항은 대기구역을 쇼핑몰, TV, 레스토랑, 바까지 이용할 수 있는 완전한 문화공간으로 꾸몄다. 어떤 국제공항은 멋진 쇼핑센터와 방대한 볼거리로 유명하다. 이 때문에 일부러 체류시간을 연장하는 승객도 있다.

사람들이 시간을 인지하는 방식은 일반적이지 않고 매우 역설적이다. 어떤 경험 과정에서 '아무 것도 하지 않은 시간'은 무언가로 가득 채워진 시간보다 길게 느껴진다. 하지만 나중에 회상할 때는 이 채워지지 않은 시간이 채워진 시간보다 짧게 느껴진다. 우리는 고객에게 어떤 것을 줘야 할까?

이 질문에 대답하려면 전체 경험에서 정말 중요한 것이 무엇인지를 깨달아야 한다. 긴 대기시간보다 짧은 대기시간을 선호하기는 하지만, 그 시간이 재미있는 활동으로 채워지면 경험하는 순간에는 그 시간이 빠르고 재미있게 지나간다. 나중에 그 활동을 기억할 때는 그 일들이 기억을 지배하기 때문에 재미있기만 했다면 결과는 긍정적이다. '그래, 줄은 오래 섰지만 기다리는 동안 참 재미있었어.' 하는 기억을 심어줘야 한다.

오랜 시간 많은 사람이 기다리는 장소라면 어디든 활용할 수 있다. 하지만 이 방식도 그 줄에서 자신의 자리가 보장될 때만 잘 통한다는 점에 주의하라. 즐거운 경험을 주려다 목표 달성을 놓치거나 줄에서 자리를 빼앗길까 하는 걱정을 불러일으키면 역효과를 가져올 수 있다. 경험을 즐겁게 만들기 위해 번호 할당, 예약, 입장시간 지정과 같은 약간의 복잡함을 추가하는 것이 좋다. 그렇지 않은 공항에서는 수많은 활동에 정신을 빼앗긴 나머지 비행기를 놓치는 일도 다반사다.

사람들은 무언가를 하기 위해 기다린다. 기다리는 동안 나중에 떠올릴 만한 긍정적인 경험을 제공하고, 또한 줄의 마지막에 접하는 사건을 긍정적이고 노력을 기울일 가치가 있게 만들면 기다림에 대한 기억을 좋게 심어줄 수 있다. '인지부조화'라는 심리학 이론에 따르면 고생은 마지막에 일어나는 사건의 즐거움을 증가시킨다고 한다. 인지부조화는 20세기 중반 레온 페스팅어Leon Festinger가 처음 소개한 개념으로, 어떤 사건이 저변에 깔린 믿음과 강하게 모순될 때 사람들이 그 상황에서 어떻게 하는지 설명한다. 페스팅어는 이런 모순이 믿음을 근절시키는 것이 아니라 오히려 강화시키는 것을 발견하고 처음에 굉장히 놀랐다.

디즈니랜드는 줄 서기를 싫어하는 사람들의 마음을 다루는 데 선수다. 나는 디즈니랜드를 다녀온 사람들에게 두 가지 질문을 했다. "무엇이 가장 안 좋았는가?"와 "그곳에 다시 가겠는가?"다. 미국, 아시아, 유럽 등 각 나라에서 온 응답자들은 첫 번째 질문에 대해 대부분 "줄, 대기행렬, 기다림"이라고 대답했다. 나라별로 설명하는 방식은 달랐지만 같은 뜻이었고 고민할 새도 없이 바로 대답했다. 사람들은 기다리는 것을 싫어한다. 하지만 두 번째 질문의 답은 많은 것을 의미한다. "다시 가겠는가?"라는 질문에 "네!"라고 대답한 것이다. 이번에도 잠시의 머뭇거림은 없었다. 사람들은 줄 서는 것을 싫어할지는 몰라도 디즈니랜드의 대기열을 적합하고, 공정하고, 필요한 것으로 생각했다. 이는 기다림을 잘 다스린 것이다.

감정이 모든 것을 지배한다

감정은 우리의 경험, 더 나아가서 경험의 기억에 색을 입힌다. 감정의 색으로 물든 기억은 사람들의 판단에 영향을 미친다. 『감성 디자인』에서 나는 '예쁜 물건이 성능도 좋다.'는 말로 이 연구를 요약했다. 세차하고 광을 내면 운전이 더 잘되고, 샤워하고 좋은 옷으로 갈아입으면 세상이 더 아름답게 보인다. 물론 세차를 한다고 기계의 성능이 좋아지는 것은 아니다. 하지만 생각은 바꿀 수 있다. 복잡한 것을 다룰 때에도 이 교훈을 적용할 수 있다. 우리는 기분이 좋을 땐, 조그만 어려움이나 혼란스러움은 대수롭지 않은 것으로 여긴다. 하지만 짜증스럽거나 화가 나면 똑같은 결점도 큰 문제로 받아들인다.

IBM의 수잔 스프라라겐 박사는 서비스를 경험하면서 느끼는 사람들의 감정 상태를 연구한다. 우리는 6장에서 그녀의 작업(〈그림 6-3〉)을 처음 보았다. 스프라라겐 박사는 〈그림 7-2〉를 내게 보여주며 기다림이 부적절하다고 느낄 때 사람들이 마음에 파고드는 좌절감에 대해 이야기해주었다. 그림 속 환자는 몸이 아파서 의사나 간호사와 이야기하고 싶어 한다. 하지만 도움을 받기 전에 자신의 신상정보를 확인시켜 주고 직원이 병원의 방대한 자료에서 자신의 진료기록을 찾기를 기다리고, 어떤 보험에 들었는지 알려줘야 했다. 직원이 병원자료에 접근하는 과정을 경험하며 환자는 '누가 내 말을 듣기나 한 건지 알 수가 없군.'하고 생각한다. 직원의 질문은 몸이 아프다는 환자의 단순한 도움 요청에 불필요한 혼란만 가중시킨다. 그러다 보니 자꾸 처리가 늦어지는 병원에 짜증과 화가 난다. 이렇게 감정이 격앙된 상태는 환자와 직원 모두에게 도움이 되지 않는다.

물론 병원에서 환자가 누구인지를 판명하고, 기록을 찾고, 보험을 확인하는 과정은 여러 이유에서 정당하다. 하지만 환자에게 이것은 불필요한 장애물이다. 이런 감정은 환자를 상대하고 건강 상태를 직접 관리하려는 사람에게까지 그대로 전달될 것이다. 게다가 병원에 방문했으니, 직원을 만나기 전부터 이 환자는 이미 스트레스 상태에 있을 확률이 더 높지 않겠는가! 〈그림 7-2〉에서 환자는 "몸이 아프다."는 말로 시작하는데, 이런 상태에서는 일반적으로 받아들일 수 있는 잠시의 기다림이나 불편함에도 더 쉽게 흥분한다. 이때는 특별한 디자인이 필요하다. 의학적으로 적합한 질문을 먼저 하고, 다음 약속을 잡을 때 신상정보를 요청하는 것도 적절한 방법이다.

사람들이 기다리고 있는 상황에선 주변 환경을 밝고 활기차게, 매력적이고 끌리게 만들어라. 모든 사람이 긍정적이고 협조하고 싶은 기분이 들게 하는 것이다. 이는 단지 물리적인 주변 상황이나 분위기를 넘어 직원의 마인드에도 적용해야 한다. 직원들은 활기찬 모습으로 고객에게 도움을 주고 싶다는 이미지를 보여줘야 한다. 특히 난폭하고 화난 고객이나 참을성이 부족한 어린이에게 오랫동안 시달리는 상황에서도 그런 환경을 유도하는 방법을 가르쳐야 한다. 이는 그 자

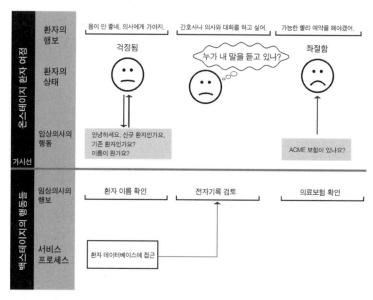

그림 7-2 환자의 대기시간을 표현한 서비스 청사진

기다림이 유발하는 불만과 분노를 보여준다. 특히 기다림의 이유를 모르거나, 몸의 상태가 좋지 않은데 문제의 핵심을 빗겨가는 질문을 받을 때는 상황이 더 악화된다.

체만으로도 디자인적으로 도전할 가치가 충분한 일이다.

직원들의 태도는 고객의 감정에 큰 변화를 준다. 더불어 화난 고객의 부정적인 감정을 조절하는 것도 중요하다. 나는 이런 말을 들었다. "디즈니랜드의 직원들은 화가 많이 난 고객에게 특별한 주의를 기울이라는 교육을 받는다. 그들의 기분이 안 좋아서이기도 하고, 부정적인 감정은 주변으로 잘 퍼지기 때문이기도 하다. 이런 관찰은 감정의 전염에 대한 수많은 연구에서 발견된 것이다."

부정적인 감정이 더 잘 확산되는 사실은 병원에도 적용할 수 있다. 물론 질병으로 인한 높은 스트레스, 자신의 상태에 대한 불확실성, 의료진과 환자, 그리고 병동에 감도는 위기감 때문에 밝고 활기찬 환경을 만들기는 쉽지 않다. 그래도 상황은 좋아질 수 있다. 환경을 더욱 매력적으로 꾸미고, 기다리는 경험에 주의를 기울이고, 이해할 만하고 적합해 보이도록 절차를 디자인하라. 환자와 그들의 친구, 가족의 안위에도 특별한 관심을 쏟아라. 의학과 관련 없는 행정적인 절차가 필요하겠지만 당장은 환자의 감정 상태와 직원의 감정을 고려해 부차적인 것으로 취급해야 한다.

감정은 전염된다. 사람들이 행복하고 미소 지으면 다른 사람들도 행복하고 미소 짓는다. 사람들이 예민하고 화나 있으면 다른 사람도 그렇게 된다. 사람들을 기분 좋게 만들고 그 상태를 유지하도록 하라. 감정은 모든 것을 지배한다.

기다림은 단순한 활동이지만 우리 삶을 혼란스럽게 한다. 하지만 짜증과 지루함을 줄이면서 시간을 활용할 방법은 분명히 있다. 앞에서 이야기한 '대기열에서의 6가지 디자인 원칙'에서 그 방법을 확인할 수 있다.

예를 들어 비행기가 착륙해서 짐을 찾기 위해 기다린다고 해보자. 비행기 짐칸이 카트로 옮겨지고, 터미널로 이동해서, 마지막 컨베이어 벨트로 옮겨지는 과정을 승객들이 TV 화면으로 보게 하는 것은 어떨까? 회사의 백스테이지 작업은 고객에게 흥밋거리가 될 수 있다. 여기서 무슨 일이 일어나는지 사람들이 볼 수 있게 하는 것이다. 커피숍에서는 바리스타가 하는 일을 고객들이 볼 수 있다. 샌드위치 요리사는 샌드위치 만드는 과정을 고객이 관찰할 수 있도록 한다.

눈에 보이지 않는 형태로도 이 원칙을 적용할 수 있다. 도미노피자의 웹사이트는 요리사와 배달부 이름, 예상 도착시각을 알려줌으로써 고객의 주문 내역을 추적할 수 있게 했다. 개념적 모델이 분명하고 직접적이다. 그리고 피드백을 제공함으로써 짜증나는 기다림을 개인의 경험으로 바꿔놓았다.

하나의 과정이 끝나면 지나간 모든 것은 기억으로 남는다. 대부분의 기다림은 원하는 결과를 얻기 위한 과정이다. 결국 기억을 지배하는 것은 중간 과정이 아닌 결과물이다. 만약 전체적인 결과물이 충분히 즐거웠다면 중간에 느꼈던 불쾌감은 희석된다. 워싱턴대학교 포스터 비즈니스 스쿨의 테렌스 미첼Terence Mitchell과 노스웨스턴대학교 켈로그 경영대학원의 리 톰슨Leigh Thompson 교수는 이것을 '장밋빛 회상rosy retrospection'이라고 불렀다. 미첼과 동료들은 12일간 유럽으로 여행을 떠나는 참가자들, 추수 감사절 휴가로 집에 돌아가는 학생들, 3주간 캘리포니아를 자전거로 횡단하는 학생들을 연구했다. 연구결과는 모두 비슷했다.

여행이 시작되기 전에는 행복한 기대감으로 가득했다. 돌아와서는 그 일들을 즐겁게 기억했다. 하지만 여행 중 현실은 기대와 다르고 안 좋은 일도 많이 생겼다고 했다. 그래도 기억에서 힘들었던 부분은 사라지고 좋은 부분만 남았다. 어쩌면 더 강화되거나 실제보다 더 멋지게 포장됐는지도 모른다. 이처럼 기억은 실제로 일어난 일보다 훨씬 더 중요하다. 이것은 디자인의 주제이기도 하다.

8장

복잡함 관리하기

배움이 없으면 대처도 없다

이 책의 주제를 이렇게 요약할 수 있겠다. 복잡함은 우리에게 필요한 것이고 다스릴 수 있다. 하지만 복잡함은 그 본질상 우리를 압도하고 좌절하게 만든다. 이런 복잡함을 길들이려면 무엇을 해야 할까? 그리고 여전히 남아있을 복잡함에 우리는 어떻게 대처해야 할까? 지금까지 기초는 모두 다뤘다. 이제는 알고 있는 것을 더할 차례다.

우리는 디자이너와 사용자가 협력해야 한다는 사실을 알아야 한다. 디자이너는 사용자가 이해하기 쉽고 배우기 쉽도록 시스템을 조직하고 구조화해야 한다. 하지만 사용자도 제 몫을 해야 한다. 단순함은 결국 마음먹기 달렸다. 복잡한 것도 숙달되면, 그리고 어떻게 작동하는지, 상호작용의 규칙이 무엇인지를 알고 나면 간단해진다. 시간을 들여 배우고, 이해하고, 연습해야 한다. 이런 협력 관계가 있어야 복잡함을 다스릴 수 있다.

자동차의 구조가 믿을 수 없을 만큼 복잡했던 적이 있다. 존 스타인벡John Steinbeck의 소설 『에덴의 동쪽』에는 자동차에 시동을 거는 장면을 다음과 같이 복잡하게 표현하고 있다.

준비됐니? 불꽃이 사그라지면 가스가 올라가. 불꽃이 위, 가스가 아래. 이제 배터리로 옮겨. 왼쪽이야, 기억해. (중략) 들었어? 이건 코일 상자 하나가 접촉하는 소리야. 안 들리면 수치를 조정하거나 다듬어야 해. (중략) 이건 크랭크야. 이 라디에이터에서 빠져나온 조그만 철사 보이지? 이게 초크야. 이제 보여줄 테니까 잘 봐

봐. 크랭크를 이렇게 잡고 이게 잡아챌 때까지 밀어. 내 손가락이 어떻게 내려갔는지 보여? 이걸 손가락으로 잡아서 그 반대쪽 둘레로 손가락을 돌리면 나를 밀어낼 거야. 내 손가락이 떨어진다고. 알겠어? (중략) 이제 잘 봐봐. 내가 안으로 넣어서 압력을 받을 때까지 끌어올려볼게. 그러고 나서 이 철사를 꺼낸 다음 가스를 넣어야 하니까 조심스럽게 돌려볼게. 빨려 들어가는 소리가 들리지? 그게 초크야. 근데 너무 끌어당기지는 마. 흘러넘치거든. 이제 내가 이 철사를 풀고 빨리 돌려볼게. 그리고 이게 잡아채면 내가 달려가서 불꽃을 점화하고 가스를 내릴게. 그리고 저쪽으로 가서 마그네토로 스위치를 빨리 던질 거야. 어디 얘기하는지 알겠어?

나중에 존 스타인벡은 시동을 거는 어려움에 대해 이렇게 말했다.

"자동차 시동을 걸고, 운전하고, 관리하는 법을 배우는 것은 정말 어려웠다. 그때는 모든 과정이 복잡했을 뿐만 아니라 완전히 처음부터 혼자 깨우쳐야 했다. 요즘 아이들은 갓난아기일 때부터 자동차에 익숙하기 때문에 기본 원리나 특징 등을 숨 쉬듯이 자연스럽게 알게 된다. 그러다 어느 순간 '작동하지 않으면 어쩌지.'하는 괜한 생각이 들기 시작했다. 물론 가끔 이 생각이 맞을 때도 있다. 요즘 차들은 시동을 걸 때 두 가지만 하면 된다. 열쇠를 꽂아 돌리고 시작 버튼 누르기. 나머지는 전부 자동이다. 이전에는 훨씬 더 과정이 복잡했다. 좋은 기억력, 과감한 용기, 천사 같은 이해심, 맹목적인 희망이 필요했고, 때로는 마술도 부려야 했다. 따라서 포드에서 출시한 모델 T(1908년부터 1927년까지 대량 생산된 미국의 자동차)의 크랭크를 돌리다가 땅에 침을 뱉고 욕을 하는 모습을 볼지도 모를 일이었다."

자동차는 디자인하는 사람과 사용하는 사람 사이의 협력관계를 너무도 훌륭하게 보여주는 예다.. 디자이너와 엔지니어는 자동차의 작동 방법을 놀랍도록 단순화시켰지만 운전자들 또한 자신의 몫을 다해야 한다. 따라서 대부분의 사람들이 이론 교육을 받고, 운전을 연습하고, 공인된 시험을 치른다. 면허를 딴 뒤에도 초보 운전자가 능숙해지려면 몇 달, 또는 몇 년이 걸린다.

디자이너들은 혼란스러운 시스템을 이해하기 쉬운 것으로 변모시킨다. 하지만 그 시스템이 복잡한 활동을 다룬다면 그 결과물을 즉각 이해하고 사용하기는 힘들다. 결국 그 짐은 사용하는 사람이 짊어져야 한다. 아무리 간단한 도구라도 터득하는 데는 시간이 필요하다. 작은 드라이버, 스패너, 망치, 감자 깎는 칼을 사용하는 것은 간단해 보이지만 사용법을 완전히 숙달하려면 연습이 필요하다. 결국 복잡함을 길들이는 것은 디자인하는 사람과 사용하는 사람 간의 협력을 의미한다.

컴퓨터는 현대인의 삶을 복잡하게 만든 원인으로 종종 비난의 대상이 된다. 그러나 그 비난에도 장점이 있다. 컴퓨터는 한편으로 삶을 편리하게 해주는 가능성을 제공하기 때문이다.

오늘날의 자동차는 적절한 디자인의 좋은 예시다. 이 디자인으로 연료와 공기의 혼합, 미끄럼 방지, 안정성 유지, 잠재적인 위험 경고와 같은 여러 가지 기능을 수행하기 위해 차체 내부에서 수백 개의 컴퓨터 칩과 센서, 모터가 작동한다. 우리들은 이렇게 다양한 데이터 처리 시스템이 내장된 기기에 의식적으로 주의를 기울일 필요가 없다. 자동차에 내장된 컴퓨터 칩은 자동차는 물론, 운전자의 행동이나 주변 환경을 감시하고 있다가 상황에 맞게 자동으로 반응하기 때문이다. 심지어 요즘의 자동차는 도로 상황을 파악하고 최적의 경로를 제안하기도 한다. 자동차와 컴퓨터 시스템은 날이 갈수록 복잡해진다. 하지만 이런 복잡함이 시스템 내부에 잠자코 숨어 있는 덕분에 운전자는 간단하고 안전하게 운전할 수 있다. 이는 2장에서 논의했던 테슬러의 '복잡함 보존의 법칙'이 적용된 또 다른 경우다.

복잡함을 다스리는 원칙

복잡함을 다스리는 데는 두 가지 원칙이 필요하다. 하나는 디자인을 위한 것이고, 다른 하나는 대처를 위한 것이다. 모든 제품은 사용 방법에 대한 안내와 예기치 않은 경우에 대비하는 법과 더불어 인간의 이해와 기억을 돕는 적합한 구조로 디자인되어야 한다. 이런 과제는 디자이너의 통제 범위 밖에 있는 여러 요소들 때문에 매우 어렵다. 성능이 비슷한 제품이라도 서로 다른 디자인 원칙을 반영한 다른 시스템이 들어가기도 한다. 그래서 각각은 충분히 논리적이고 이해할 만하지만 두 가지 제품을 모두 사용하는 사람은 혼란스러울 수 있다.

더구나 디자인은 피할 수 없는 간섭 상황에서 사용하는 기능도 함께 지원해야 한다.

가장 중요한 것은 제품을 이해하기 쉽게 만들어야 한다는 사실이다. 좋은 개념적 모델은 꼭 필요하지만 이것도 디자이너의 의사가 잘 전달되지 않으면 소용이 없다. 디자인 도구로는 개념적 모델, 기표, 구조화 방식, 자동화, 모듈화 등이 있다. 더불어 디자인 팀은 매뉴얼과 고객지원 시스템과 같은 학습 도구도 제공해야 한다.

여기서 가장 중요한 것은 커뮤니케이션이다. 한때 '디자인'이라는 단어가 스타일, 패션, 인테리어와 같이 시각적인 면만을 가리켰던 적이 있었다. 제품은 이미지로 표현되어 겉모습으로 가치를 결정했다. 하지만 지금은 다르다. 이제 디자인 업계는 고객의 기본적인 니즈를 충족시키고 긍정적이고 즐거운 경험을 제공하는 기능과 작동 방식을 고민한다. 그리고 훌륭한 디자인의 중요한 요소 중 하나가 좋은 상호작용이라는 것을 깨달았다. 적합한 커뮤니케이션이 곧 디자인이라고 해도 과언이 아니다. 결국 모든 규칙은 커뮤니케이션과 피드백을 중심으로 진화한다.

인간 중심 디자인 분야가 막 떠오를 무렵 두 명의 스위스 학자 유르흐 니버겔트Jurg Nievergelt와 J. 와이더트J. Weydert는 디자이너와 기획자에겐 '흔적, 현장, 양식'이라는 세 가지 상태의 지식이 중요하다고 강조했다. 이는 다시 '과거, 현재, 미래의 지식'이라는 지식에 대한 인간의 기본적인 니즈로 해석할 수 있다.

현재의 지식은 말 그대로 현재 상태를 파악하는 것을 의미한다. 지금 어떤 일이 일어나고 있는지, 시작점과 목표 지점을 비교했을 때 어디까지 도달했는지, 그리고 지금 어떤 행동을 할 수 있는지 등을 고민해야 한다. 그럼에도 많은 시스템이 현재 상황을 명확히 보여주지 않고 있다.

과거의 지식은 지금까지 이르게 된 과정을 아는 것을 의미한다. 어떤 시스템은 아예 과거를 지워버리기도 한다. 따라서 우리가 예상치 못했거나 원치 않는 상태에 처했을 때 어떻게 여기로 오게 됐는지 알 수 없다. 이전 상태가 어떠했는가도 기억하지 못한다. 때문에 우리는 아무리 현재 상태가 좋아도 미래에 다시 이곳으로 오고 싶을 때 어떻게 해야 좋을지 알 수 없다. 마찬가지로 현재의 상태에 만족하지 못해 이전 상태로 거슬러 올라가고 싶어도 그 방법을 기억할 수 없다.

미래의 지식은 무엇을 기대할지 아는 것을 의미한다. 우리는 어떤 행동을 하면서 미래에 대한 기대감을 갖는다. 이로 인해 많은 감정이 생겨난다. 미래에 대한 기대감이 부족하면 시스템 파악이 어려워질 뿐 아니라 불필요한 긴장을 하게 된다.

디자인에 대한 나의 원칙 중 하나는 오류 메시지를 없애는 것이다. 좋은 디자인이란 '그건 잘못됐어.'라고 말할 필요가 없는 디자인이다. 현재 상황을 어떻게 처리해야 할지 모를 때 등장하는 오류 메시지는 시스템이 혼동하고 있음을 보여준다. 이때 책임을 질 대상은 사람이 아니라 시스템이다. 삶에는 오류 메시지가 없다. 마찬가지로 컴퓨터와 비디오 게임도 오류 메시지 없이도 잘 작동하는 복잡한 시스템의 예다. 누군가 시스템이 이해하지 못하는 일을 시도하면 시스템은 그저 무시해버린다. 마치 여닫이문을 미닫이문으로 착각하는 것과 같다. 이때도 오류 메시지는 등장하지 않는다. 책임을 묻는 사람도 없다. 그저 문이 열리지 않을 뿐이다. 문의 경우에는 뭐가 잘못되었는지 파악하는 것이 쉽다. 다른 많은 복잡한 시스템의 경우엔 작동 과정이 보이지 않아 무언가를 시도했는데 아무런 반응이 없으면 어떻게 해야 할지 알 수가 없다.

우리는 이러한 상황을 오류가 아닌 도움이 필요한 순간으로 간주해야 한다. 그리고 사용자에게 도움을 청하라고 강요하기보다는 시스템이 스스로 설명을 할 수 있는 환경을 만들어주는 것이 중요하다. 모든 것이 눈에 보이고 대안도 명확한 물리적인 시스템에서는 무엇을 어떻게 해야 할지 파악할 수 있다. 무언가 잘못됐을 때 문제의 여러 증상과 가능한 대안을 보여줌으로써 대처 방안에 대한 충분한 정보를 제시해야 한다. 이것이 과거, 현재, 미래에 대한 정보다.

오류는 가르침을 얻을 수 있는 절호의 기회다. 또한 모든 정보들이 진가를 발휘하는 순간이다. 너무 일찍 알려주면 지겹고 재미없다. 하지만 사용자가 필요로 하는 순간을 포착해 정보를 제공하면 동기가 부여되고 참여 의지도 높아진다.

기표와 어포던스, 분할과 정복

앞에서도 설명했듯이 기표는 적합한 행동을 알려주는 인지 가능한 신호다. 기표는 정말 강력한 도구다. 의도적인 것도 있고, 그렇지 않은 것도 있다. 디자이너들은 기표를 이용해 디자인을 이용하는 사람과 자연스럽고 편안한 방식으로 커뮤니케이션 한다. 기표는 우리 주변에서 어렵지 않게 확인할 수 있다. 사람들은 매일 활동하면서 세상을 거대한 정보 데이터베이스로 이용한다. 때로는 명백하고 구체적인 정보로, 때로는 적합한 행동에 대한 암시적인 정보로 존재한다. 〈그림 8-1〉에서 몇 가지 간단하고 효과적인 기표를 볼 수 있다.

디자이너들은 강력한 디자인 도구인 기표를 한껏 활용한다. 그런데 불행히도 기표는 '어포던스'라는 개념과 종종 혼동을 일으킨다. 어포던스는 '행동을 유도한다'는 뜻으로 관계에 대한 개념이다. 이 것은 사람이 사물에 취할 수 있는 여러 행동들을 보여준다. 지각심리 학자인 J. J. 깁슨J. J. Gibson이 소개한 개념으로 처음에는 모든 생명체 환경에 적용되었다. 깁슨은 어포던스를 이 세계에 존재하는(존재한다 는 사실을 알든 모르든) 잠재적인 생명체와 물건 간의 관계로 보았다.

나는 1988년 디자인 업계에 이 개념을 소개했다. 도입되자마자 바로 채택되어 지금은 널리 사용되고 있지만 종종 잘못 쓰이는 경우 가 있다. 깁슨의 정의에 따르면 어포던스는 사람이 눈치 채든 그렇지 않든 존재하는 것이다. 그러나 디자이너는 보이지 않는 어포던스는 존재하지 않는 것으로 간주한다. 다른 말로 하면 디자이너는 인지된 어포던스에만 신경을 쓴다는 말이다.

그 결과 디자이너들은 어포던스를 눈치 채지 못해서 사용자가 어 려움을 겪는 모습을 보게 되었다. 그 뒤에는 사용자에게 어포던스의 존재를 알려 주기 위해 눈에 보이는 신호를 추가한다. 하지만 디자이 너들은 이런 일을 표현할 만한 적합한 어휘를 떠올리지 못해서 "제 품에 어포던스를 추가했다."고 말한다. 사실은 이미 존재하는 어포던

그림 8-1 의사소통을 효과적으로 하는 기표들

ⓐ에서 손잡이는 손으로 쥐고 잡아 당겨야 한다는 명확한 신호를 제공하는 반면, 손잡이
가 없는 평판은 오직 미는 하나의 선택지만을 제공한다. ⓑ에서 내려가는 계단을 막는 문
은 제한된 접근을 의미한다. 문을 열어 계속 갈 수는 있지만 응급 상황에서 건물을 떠나는
사람들이 계단을 내려갈 때 지하로 빠져 나갈 가능성을 줄이고 지상에 도달했을 때 밖으로
나가도록 유도한다.

스를 가시적으로 드러낸 것뿐인데 말이다. 정확하게 말하면 이들은 기표를 추가한 것이다. 물론 디자이너들도 별 도리가 없기는 하다. 이들이 한 일을 표현할 만한 정확한 단어가 없었기 때문이다(아직 '기표'라는 단어가 소개되지 않았다.). 그 사이에 '어포던스'라는 용어는 디자인 업계에서 '인지할 수 있는 것'이라는 의미로 사용되기 시작했다.

나는 디자인에서 어포던스와 기표의 의미를 명백하게 구분해야 한다고 생각한다. 디자이너들은 인지 가능한, 즉 기표를 의미하는 것에만 신경 쓰기 때문에 대부분의 경우에는 어포던스가 없어도 된다. 모든 인지된 어포던스와 기표는 의사소통 수단이다. 적합한 기표를 선정하는 기술은 중요한 디자인 능력이다. 좋은 디자인에는 미적으로 훌륭함은 기본이고, 제품의 나머지 부분과 조화를 이루면서도 쉽게 인지할 수 있고 정보도 풍부한 기표가 있다.

나쁜 디자인이나 적합한 기표가 부족한 디자인을 찾고 싶다면 무엇을 어떻게 이용하라고 설명하는 신호를 찾으면 된다. 훌륭한 디자인이라면 '당기시오'나 '미시오'와 같은 문구나 기호가 필요 없다. 디자인이 형편없어서 사용 방법을 가르쳐 주려고 덧붙인 것이다. 제품에 추가한 모든 기록이나 부속물들은 사실 한 그룹이 다른 그룹을 도우려고 덧붙인 사회적 기표다.

어포던스는 어떤 행위를 가능하게 해주는 세상의 일부이기 때문에 중요하다. 디자이너는 그들이 디자인하는 제품이나 시스템에 적합한 어포던스를 넣을 책임이 있다. 하지만 아무리 공들여 반영한다 하더라도 사람들이 눈치 채지 못하거나 인지하지 못하면, 목표 달성에 실패한 것이다. 디자이너는 기표를 통해 가능한 행동 범위를 알려

쥐야 한다. 기표는 효과적인 커뮤니케이션에 결정적인 역할을 한다.

복잡한 상황을 단순화하는 한 가지 방법은 구조를 만드는 것이
다. 모든 과정을 조절 가능한 모듈로 구조화하면 그 안에 들어간 모
듈 하나하나는 간단하고 쉽게 배울 수 있다. 이것이 2장에서 논의했
던 은세공업자의 플래니싱 망치의 비밀이다. 은세공업자의 작업대
(〈그림 2-4〉 ⓒ)는 혼란스러워 보이지만 손쉽게 사용할 수 있도록 도
구별로 분류하여 사용법을 익힌다. 따라서 다른 사람이 보기에는 복
잡한 작업대라도 은세공업자에게는 수많은 간단한 도구가 모인 이해
가능하고 인지 가능한 프로그램일 뿐이다.

핵심 문제를 찾아라

또 다른 방법으로 복잡함을 단순화할 수 있다. 개념을 새로 세우는
것이다. 다시 말해 문제를 규정하는 다른 방법을 찾는 것인데, TV 프
로그램을 녹화하는 기술의 변화에서 그 예를 찾을 수 있다. 사람들이
방송 프로그램을 녹화하던 기존의 기술은 VCR이라고 불리던 '비디
오카세트리코더'였다. 이 VCR은 사용 디자인이 너무 형편없어서 녹
화하고 싶은 시간을 바꾸는 방법조차 파악하기 어려웠다. 시간 설정
이 얼마나 어려웠는지 한때 회자되던 농담이 있을 정도다.

1990년 조지 부시 대통령은 워싱턴에서 언론사 기자들과 저녁
식사를 하면서 "우리에겐 목표가 있습니다. 제가 이 자리에서 물러날

때까지 모든 미국인이 VCR에서 시간을 설정하는 법을 배우는 것이 죠."라고 말했다. 물론 그 목표가 실패로 돌아갔음은 말할 것도 없다.

녹화는 시간 설정보다 훨씬 더 어려웠다. 만약 수요일 오후 9시에서 10시까지 37번 채널에서 방송되는 프로그램을 녹화하려면 먼저 VCR의 시계를 제대로 맞춰야 한다. 그리고 프로그램 모드로 들어가 매주 수요일 오후 9시에 채널 37번을 설정한다. 그 다음에는 정확히 60분 동안 녹화를 시작한다. 물론 그 전에 신문의 TV 편성표에서 방송 스케줄부터 찾아야 한다.

VCR의 복잡함을 해결한 비밀은 영리하고 섬세한 사용자 인터페이스 디자인이 아니다. 그동안 문제 해결의 관점 자체가 잘못되었다는 것을 인식한 것이다. 사용자들이 녹화를 하는 이유는 그들이 원하는 시간에 해당 프로그램을 보고 싶어서다. 프로그램이 실제 방영되는 시간에는 관심조차 없다. 그런데 왜 이들이 날짜와 시간, 채널을 설정해야 하는가?

오늘날 디지털 TV는 녹화 시스템의 개념을 완전히 바꿔놓았다. 이제는 녹화하고 싶은 프로그램의 이름만 입력하면 된다. 나머지는 시스템이 알아서 한다. 사용자는 지금 자신이 하는 것이 프로그램을 녹화하는 것인지도 모른다. 녹화 자체가 필요 없는 경우도 많다. 시청자가 원하는 때 언제라도 프로그램을 볼 수 있기 때문이다. 관심만 있으면 언제나 볼 수 있는 도서관의 책이나 24시간 열려 있는 웹사이트와 비슷하다. 복잡함을 단순하게 만드는 가장 좋은 방법은 핵심 문제에 대한 개념을 새로 세우는 것이다.

구조의 한 형태는 모듈화다. 이는 디자인이 좋은 다용도 프린터,

스캐너, 복사기, 팩스와 같은 기계의 설계 방식이기도 하다. 각각의 기능이 그룹이나 그래픽으로 보기 좋게 구분되어 있기 때문에 하나씩 살펴보면 비교적 사용이 간단하다.

오락 및 여가 활동을 위한 기기의 조작은 우리가 얼마나 복잡하게 사는지를 보여준다. 게다가 최신 시스템은 많은 기능이 포함되어 있기 때문에 사용자가 알아야 할 사항도 많다. 내가 즐기는 여가 활동은 사진 찍기, 인터넷 서핑하기, DVD 감상하기, TV를 보거나 라디오 듣기, 비디오 목록을 불러와 감상하기 등 매우 다양하다. 이 기능들은 서로 호환되거나 심지어는 하나의 기계에서 모두 처리 가능하기도 하다. 하지만 각 기능의 조작 방식이 모두 달라 리모컨을 사용할 때마다 혼란스럽고 어려웠다. 하나를 겨우 이해하면 또 하나를 이해해야 하니 이 모두를 합치면 도저히 감당할 수 없는 그런 복잡함이 탄생한다.

〈그림 8-2〉는 좋은 디자인이 어떻게 복잡한 시스템을 단순하게 만들어주는가를 보여준다. 오락 및 여가활동에 사용되는 시스템을 기획하는 기획자와 디자이너가 저지르는 가장 흔한 실수는 이용자들이 모든 요소들을 개별적으로 조작하고 싶어 한다고 믿는 것이다. 이 인식이 바탕이 되어 복잡한 조작 도구가 생겼다. 기기마다 엄청나게 많은 기능이 들어가지만 사용 방식에 대해 다룬 명확하고 광범위한 개념적 모델을 만들려는 시도는 조금씩만 이루어지고 있다. 디자이너는 사람들이 리모컨을 여러 개 보유하고 있다는 것을 깨닫고 하나의 제품으로 여러 기기를 조작할 수 있는 '범용적인' 리모컨을 만들었다. 그렇지만 이들은 기계 자체에만 초점을 맞췄기 때문에 보기

에도 실제로 사용하기에도 어려움과 혼란스러움을 느껴야 했다. 이런 문제를 극복한 로지텍의 하모니 리모컨을 보자.

〈그림 8-2〉의 ⓒ와 ⓓ에 보이는 리모컨은 사용자의 활동을 중심으로 접근한 제품이다. 리모컨의 작동 방식을 DVD 플레이어, 라디오, 게임 기계 조작에 맞추지 않고 활동에 맞췄다. 영화 보기, TV 시청하기, 음악 듣기와 같은 시스템을 이용하려면 우선 메뉴를 고른다(〈그림 8-2〉 ⓒ). 그러면 해당 활동에 필요한 조작만 반영된 화면으로 바뀐다(〈그림 8-2〉 ⓓ는 '영화'가 선택된 뒤의 화면이다). 오른쪽 버튼에는 볼륨 조작, 채널 선택, 소리 제거 기능 등 대부분의 활동에 공통적으로 필요한 것들을 배치했다. 이렇듯 활동 중심 디자인은 사용자들의 실제 요구 사항을 모델로 삼는다. 복잡한 조작 방식을 적합하게 모듈화해서 혼란스러움만 가득하던 리모컨들을 세련되고 간단한 하나의 리모컨으로 압축할 수 있다. 이것은 모두 사용자의 활동을 모델링한 개념적 모델 안에 들어가 있다.

캘리포니아대학교 샌디에이고 캠퍼스에서 인지과학을 연구하는 데이비드 커시David Kirsh 교수는 사람들이 어떻게 과제를 간소화하고, 행위를 구조화하며 방해를 받은 후 에도 어떻게 원래의 자리를 기억해서 찾아가는가에 대해 조사했다. 그는 이 작업을 '인지 일치'라고 부른다.

커시 교수는 사물을 지능적으로 배열하면 기억해야 하는 인지적인 부담을 줄일 수 있음을 증명했다. 저녁 식사를 위해 샐러드를 준비한다고 하자. 여러 가지 채소를 씻고, 껍질을 벗기고, 썰어야 한다. 능숙한 요리사는 씻은 채소와 씻지 않은 것을 구분한다. 덕분에 언제

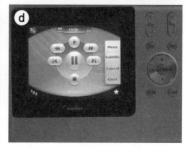

그림 8-2 좋은 디자인을 통한 단순화

ⓐ는 저자가 취미와 오락 생활에 사용하고 있는 리모컨들. ⓑ, ⓒ와 ⓓ는 현재 저자가 시스템을 제어하는데 사용하는 로지텍의 하모니 리모컨. 동일한 기능을 제공하면서 복잡함을 극복한 것을 볼 수 있다. 복잡한 것을 단순하게 만든 좋은 디자인의 예다.

든 흘깃 보기만 해도 어떤 작업이 얼만큼 남았는지 알 수 있다. 부엌을 떠났다가 돌아오더라도 어디서부터 시작하면 되는지 쉽게 기억할 수 있다. 언뜻 생각하면 배열은 사소한 것처럼 보이지만 그 안에 깔린 철학은 강력하다. 예술가나 보석 디자이너의 작업대에서도 이와 비슷한 패턴을 볼 수 있다.

어떤 배열은 우리가 해야 할 행동이 무엇인지 바로 알게 하고, 어떤 것은 기회 행동에 주의를 집중시키고, 어떤 것은 바람직하지 않은 행위를 고의로 숨기거나 안 보이게 한다. 예를 들면 음식물이 가득한 용기를 미리 옆으로 치워서 실수로 엎지르는 것을 방지하는 것과 같은 것이다. 공간은 작동 순서를 암시하거나, 바람직하지 않은 행동을 막는 등 다양한 용도로 활용할 수 있다. 커시 교수는 이를 두고 "우리 대신 환경을 적응 시킨다."라고 표현했다.

〈그림 8-3〉에서 보는 것처럼 공간은 강력한 도구다. 원의 개수를 세어보자. 손으로 짚으면서 세어서는 안 된다. 어렵지 않은가? 덧셈 자체는 어렵지 않다. 어떤 것을 셌고, 어떤 것을 세지 않았는지 기억하는 것이 어렵다.

이제 〈그림 8-4〉에 있는 똑같은 원을 세어보자. 이번에도 손으로 짚으면서 세면 안 된다. 훨씬 쉬워졌을 것이다. 완전히 똑같은 원이지만 동일한 개수만큼 덩어리로 나눴기 때문이다. 하나만 제외하고는 정확히 다섯 개씩 들어가 있다. 그리고 원이 여섯 개의 묶음으로 나누어져 있어 어떤 것을 세고 세지 않았는지를 기억하기 쉽다.

두 그림의 차이는 과제의 성격을 바꿨다. 〈그림 8-3〉에서는 똑같은 원을 두 번 세지 않도록 조심하면서 모든 원을 정확히 한 번만 세야 하는 점이 과제를 어렵게 만들었다. 〈그림 8-4〉에서는 이 원들이 다섯 개씩 묶인 덩어리로 나뉘어져 있다는 점만 깨달으면 그룹을 세는 간단한 문제로 바뀐다. 공간적인 분리가 덧셈을 쉽게 한 것이다. 이미 센 것은 '완료' 그룹으로 옮겨서 문제를 해결할 수 있다. 요리사가 씻은 것과 씻지 않은 채소를 구분한 것과 비슷하다.

모든 일치 도구는 과제를 인간의 인지구조에 맞게 바꿔서 어려움을 감소시킨다. 다이어그램과 그림의 힘은 그림으로 된 표시와 인

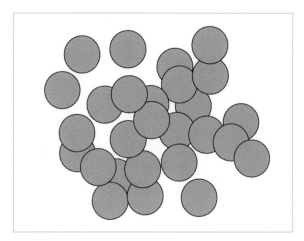

그림 8-3 눈으로만 세기

원의 수를 세어보라. 손가락으로 가리키지 않고 그냥 눈으로만 보고 세는 것은 생각보다 어려운 작업이다. 인식적으로 친숙하지 않기 때문이다. 1995년도 커시 Kirsh의 작업 설명을 참고로 해서 그렸다.

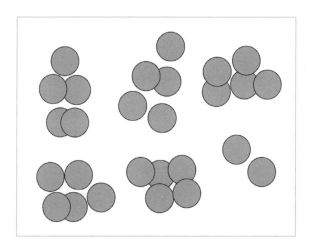

그림 8-4 인식적으로 친숙한 계산

〈그림 8-3〉에 있는 원의 개수와 동일하지만 이 방법이 공간적으로 분리가 되어 훨씬 세기 쉽다.

간의 지각 시스템이 일치하는 데서 나온다. 환경을 조절하면 우리가 해결해야 할 과제에 구조가 생길 뿐 아니라, 과제를 설명하기도 쉬워짐에 따라 사회적 이익에도 중요한 역할을 한다. 또한 다른 사람을 쉽게 도와줄 수도 있다.

자동화의 미래

자동화는 우리가 직접 과제를 수행할 수고를 덜어주었다. 현대의 많은 기술들은 자동화 방식이 늘어남에 따라 점차 간단해지고 있다. 예를 들어 자동 온도 조절기는 집안 온도를 알아서 맞춰준다. 낮과 밤, 그리고 사람이 있을 때와 없을 때에 따라 다르게 조절된다. 자동화되지 않은 항공기는 상상이 안 될 정도다. 제조 공장이나 창고 유통 시스템도 마찬가지다. 자동화는 기술에 깔린 복잡함을 증가시켰지만 덕분에 사람들의 행동은 단순해지고 간단해졌다.

그러나 자동화는 작동이 잘 된다는 전제 하에서만 간단하다. 자동화가 실패하면 자동화되기 전보다 훨씬 더 복잡해진다. 비슷한 측면에서 부분적인 자동화 또한 전체가 자동화되어 있거나 아예 자동화되어 있지 않을 때보다 더 큰 문제가 될 수 있다. 나는 『미래 세상의 디자인』이라는 책에서 이 주제를 심도 깊게 다뤘다. 복잡함을 논의할 때 기억해야 할 점은 자동화는 우리 모두를 편하게 해주는 가장 효과적인 전략이지만, 그 시스템에 의해 모든 작동이 완벽하게 자동화되었을 때에만 그렇다는 것이다. 그렇지 않을 때를 대비해 문제를 해결할 다양한 방식의 추가적인 설계가 필요하다.

기능 강제의 효과

'기능 강제'는 특정 기능이 행동을 강제해 원치 않는 행위를 막아주는 장치다. 기능 강제를 이용해서 어떤 한 단계가 성공적으로 수행되지 않으면 다음 단계로 넘어가지 못하도록 할 수 있다. 가장 쉽게 볼 수 있는 예로는 현금지급기를 들 수 있다. 현금을 인출할 때 미리 삽입한 카드를 뽑지 않으면 현금을 찾을 수 없는 것이 바로 그런 것이다. 기능 강제는 굳이 이해할 필요가 없기 때문에 간단하게 디자인한다.

〈그림 8-1〉의 ⓑ로 돌아가서 계단의 출입을 막은 문을 보자. 대체 왜 막아놨을까? 불이 났을 때 1층을 거쳐 지하로 내려갔다가는 완전히 갇힐 위험이 있기 때문이다. 여기에는 위급상황에 지하로 정신없이 내려가는 것을 막기 위해 기능 강제를 도입했고 꼭 지하로 가야 할 사람을 위해 아래층으로 내려가는 계단에 만들어진 문을 열고 내려갈 수 있도록 했다.

기능 강제는 가능한 행위를 눈에 보이지 않게 해서 행동을 조작하기도 한다. 한마디로 모든 기표를 없애는 것이다. 나는 디즈니랜드에서 나를 안내하던 디즈니사의 중역이 별 특징 없는 길로 가서 몇 번 방향을 바꾸더니 무대 뒤편의 공간으로 들어가는 것을 보고 놀랐다. 도중에는 문도, 입구도, 경호원도 없었다. 공원에 놀러 온 사람이 그곳을 찾아낼 수 없게 한 유일한 방법은 길이 전혀 보이지 않게 만드는 것이다.

불가능해 보이거나, 어렵거나, 위험해 보이는 디자인으로 행동을 제어하기도 한다. 그중 한 가지 방법이 의도적으로 오해할 만한 기표를 이용하는 것이다. 이것을 '부정적 기표'라고 한다. 사람들이 울타리나 담을 넘지 못하도록 담장 위에 깨진 유리나 다른 날카로운 물체를 두는 것이 그런 경우다. 뾰족한 철조망도 부정적 기표다. 어떤 공원에서는 자동차는 들어갈 수 없다는 것을 알리려고 입구에 장애물을 세우기도 한다.

기능 강제는 필요한 모든 전제 조건이 갖춰지거나, 안전에 대한 준비가 다 끝날 때까지 작동을 금지해서 시스템 조작에 영향을 끼친다. 기어를 수동으로 변속하는 자동차에서 브레이크를 밟지 않으면 시동을 걸 수 없는 것도 명백한 기능 강제다. 모든 연동장치가 제거되기 전에는 핵심 조작이 불가능한 경우도 있다. 연동장치도 행동을 막는 기능 강제다. 전자레인지는 문이 열리면 작동을 멈춰 방사선 유출을 방지한다. 기능 강제는 안전을 위한 보조 장치 역할도 하는 셈이다.

기능 강제는 유용하지만 때로는 너무 위압적이다. 모든 것이 강제적일 필요는 없다. 때로는 부드러운 넛지면 충분하다. 경제학자 리처드 탈러Richard Thaler와 변호사 캐스 선스타인Cass Sunstein은 '넛지Nudge'라고 부르는, 강요에 의하지 않고 유연하게 개입함으로써 선택을 유도하는 행동조작 철학을 제안했다. 탈러와 선스타인은 사람들이 그들에게 유익하게 행동하지 않는 상황을 보면서 왜 그런지 알아내려고 노력했다. 아마 이 책의 많은 독자들에게도 해당될 것이다. 건강한 음식만 먹고, 규칙적으로 운동하고, 은퇴에 대비해 적금을 들고, 신용카드를 알뜰하게 사용하는 것, 대부분의 사람이 이런 행동이 그들에게 유익하다는 것을 알고 있지만 실천하는 사람은 많지 않다. 왜 그럴까? 이것이 탈러와 선스타인이 『넛지』라는 책에서 주장하는 주제다.

넛지를 유도하는 영리한 방법 중 하나는 목록에서 항목들을 현명하게 배치하는 것이다. 카페테리아의 경우 몸에 좋은 음식을 앞쪽에 배치해 쉽게 집을 수 있게 하고, 건강을 해칠 수 있는 디저트나 간식거리는 뒤에 놓아서 쉽게 닿지 않게 한다. 보통 사람들은 목록 상의 항목을 선택할 때는 앞쪽의 선택지를 고르는 경향이 있다. 선거 기간 중에는 앞자리의 후보 번호가 유리하다. 선거 공무원은 이런 편견으로 인한 영향력을 최소화하기 위해 후보자 이름의 임의적인 배치에 많은 노력을 기울인다. 이런 미묘한 차이가 선거 결과에 영향을 끼치지 않도록 투표 기계의 전광판에 이름의 순서가 바뀌어 나오는 것을 볼 수 있다.

탈러와 선스타인은 행동을 조작하는 가장 강력한 도구로 '디폴트default'를 꼽았다. 디폴트는 누군가 다른 선택을 하지 않았을 때 일어나는 고정적인 행위를 의미한다. 디폴트는 자동적이고, 눈에 보이지 않는다. 소득세는 월급에서 디폴트로 인출된다. 우리가 처음 직장에 들어가면 선택한 디폴트 상태에 맞춰 모든 활동이 자동으로 설정된다.

미국에서 회사에 고용된 직원들은 은퇴 후를 대비해 월급의 일정 부분을 여러 방법으로 투자할 수 있다. 선택사항으로 은퇴할 때까지 월급의 일정액을 따로 적립하는 퇴직연금에 가입하기도 한다. 때로는 고용주가 투자금액을 더해 여러 기업이 자금을 공동출자하는 매칭 펀드를 조성하기도 한다. 이는 회사와 직원 모두에게 이익이다.

명백한 장점을 가지고 있는 이 제도를 제대로 활용하는 사람은 놀랄 만큼 적다. 조건을 따져보고 실제 결정에 이르기까지 상당한 고민이 필요하기 때문이다. 게다가 매칭 펀드의 가입 여부는 회사에 입사한 후 월급 계좌를 만들 때 딱 한 번만 체크할 수 있다. 이때는 매칭 펀드 외에도 수많은 요소들을 선택해야 하므로 대부분의 경우에는 무엇에도 투자하지 않는 것이 디폴트로 되어 있다.

만약 월급의 일정 부분이 자동으로 매달 투자 계좌로 들어가는 것이 기본으로 설정되어 있다면 어땠을까? 직원은 아무것도 선택하지 않았지만 자동적으로 투자를 하는 셈이다. 반대로 디폴트값이 투자하지 않는 것으로 되어 있다면 직원은 아무것도 선택하지 않음으로써 투자하지 않게 된다. 이런 대안들을 '옵트인' 대 '옵트아웃'이라고 부른다.

옵트인·옵트아웃 방식은 불특정 다수에게 무작위로 보내지는 스팸메일을 규제하는 방식으로, 이메일을 비롯해 전화나 팩스를 이용한 광고성 정보 전송 등에서도 사용된다. '옵트인'은 당사자의 사전 동의를 얻어야 이메일을 발송할 수 있는 방식이다. 이에 반해 '옵트아웃'은 당사자가 발송인에게 수신거부 의사를 밝혀야만 이메일 발송이 안 되는 방식이다. 사람들이 '옵트아웃'일 때 투자에 더 많이 참여하는 것은 그다지 놀랄 만한 일이 아니다. 미국의회는 연금 납부를 '옵트아웃'으로 하는 법안을 상정하는 중이다. 이것은 예전이나 지금이나 변함없이 자발적이다. 단, 지금은 그만두겠다는 의사를 밝히지 않는 한 자동적으로 투자가 된다는 점만 다르다.

디폴트는 우리가 살고 있는 복잡한 세상에서의 상호작용을 효과적으로 간단하게 만들어 준다. 디폴트는 피할 수 없다. 제시된 대안이 디폴트 행위를 촉구하는 것처럼 어느 순간에는 반드시 선택해야 하기 때문이다. 선택을 거부하는 것도 일종의 선택이다. 이론적으로 옵트인이나 옵트아웃의 두 대안은 차이가 없지만, 논리와 행동은 엄연히 다르다. 디폴트는 강력한 디자인 도구이지만 디자이너를 포함해 이를 다루는 모두가 신중해야 한다. 디폴트를 따른다는 것은 누군가가 당신을 위해 결정을 내리도록 허용하는 것이다. 이것은 의사결정을 편하게 해주지만 당신이 동의하는 경우에만 바람직하다.

제품의 작동 방식을 설명하는 전통적인 방식은 매뉴얼이다. 하지만 대부분의 사람들이 매뉴얼을 필요하다고 생각하지 않는다. 심지어는 읽어보려고도 하지 않는다. 매뉴얼을 읽지 않은 이유는 읽을 필요가 없기 때문이다. 누가 지루하고 따분한 매뉴얼을 보고 싶어 하겠는가.

매뉴얼은 제품의 특징을 쭉 늘어놓은 설명서다. 알파벳이나 사용 순서로 각각의 동작이나 조작이 어떤 기능을 하는지 설명한다. 이것은 매뉴얼이 '필요한 경우'와 '필요한 때'에 도움을 주어야 한다는 원칙에 어긋난다. 제품 매뉴얼은 제품이 각각의 상황에서 어떤 기능을 발휘하는가에 초점을 두고 만들어야 한다. 하지만 대부분의 매뉴얼은 그저 제품을 어떻게 사용하는지에 대해서만 나열하는 게 전부다. 물론 제품의 특징에 따라 상세하게 설명할 때도 있지만 이것은 필요할 때만 참고하는 첨부 영역에 들어가도 충분하다.

아쉽게도 많은 회사가 매뉴얼을 제품의 필수 요소라기보다는 쓸모없는 비용이 들어가는 부속품 정도로 여기는 것 같다. 때문에 끝까지 방치하고 있다가 마지막에 급하게 만드는 경우가 많다.

좋은 매뉴얼보다 더 필요한 것은 매뉴얼이 필요 없는 시스템이다. 매뉴얼을 만들 필요조차 없는 좋은 제품의 탄생을 도와줄 수 있는 이가 바로 매뉴얼을 작성하는 사람들이다. 이들은 사용자들이 직면하고 있는 어려움을 잘 안다. 동시에 제품을 설명하는 것이 얼마나 어려운지도 알고 있다. 이들은 설명 자체가 필요 없는 제품까지는 아니더라도 최소한 설명하기 쉬운 제품을 디자인할 수 있도록 도울 것이다.

회사는 사용자에게 훌륭한 경험을 주도록 설계하는 것이 가장 좋은 제품이라는 사실을 잊지 말아야 한다. 왜 회사는 예측 가능한 위험이나 법적 문제 같이 상대적으로 덜 중요한 내용을 강조한 매뉴얼로 소비자에게 훌륭한 경험을 제공할 기회를 없애버리는가? 회사가 약속한 멋진 기능을 어떻게 달성하는지 보여주면 감동을 줄 수 있는데 왜 그리도 지루하고 재미없는 기능에 관한 목록으로 경험을 망치는지 모르겠다. 매뉴얼을 간소화해서 생산적인 제품의 필수 요소로 만들어라.

복잡함에 대처하는 사용자의 자세

사용자가 쉽게 이해하는 제품과 서비스를 만들기 위해 디자이너가
자신의 역량을 발휘해야 하듯이 사용자도 자신의 역할을 해내야 한
다. 제품을 이해하고 기능을 완전히 숙지하기 위해 시간을 투자하는
것이 바로 그것이다. 제품의 디자인이 아무리 좋아도, 개념적 모델과
피드백, 모듈화가 아무리 훌륭하게 이루어져도 복잡한 활동을 배우
려면 연습이 필요하다. 몇 시간이면 충분한 제품도 있지만 때로는 며
칠, 몇 달을 연구하고 연습해야 하는 경우도 많다. 이것이 우리의 복
잡한 세상이 움직이는 방식이다.

　　디자이너가 마지막 부분까지 최선을 다했다면 이제는 사용자 차
례다. 복잡함을 다루기 위해 사용자가 취해야 할 중요한 마음가짐은
수용이다. 복잡한 것에 익숙해지려면 일정 부분 시간과 노력이 필요
하다는 사실을 받아들여라. 그러면 절반은 해낸 것이다. 만약 규칙이
필요하다면 몇 가지 방법을 제안한다.

① 먼저 받아들여라

　　인생은 복잡하다. 그러나 안심하라. 당신뿐 아니라 누구라도 복
잡한 시스템을 이해하고 사용하기 위해 배워야 하니까. 그러니 당신
도 배울 수 있다. 물론 시간이 걸릴 것이다. 하지만 당신이 가진 다른
기술을 배울 때도 시간은 걸렸다. 복잡함은 늘 우리 도처에 깔려 있
지 않은가. 중요한 것은 마음가짐이다. 복잡함을 받아들이되 동시에
정복할 방법도 함께 배우자. 아무리 복잡한 것이라도 한 번만 제대로

다뤄보면 이해하기 쉽다. 정복하기 쉽게 작은 부분으로 나누는 것도 방법이 될 수 있다. 한번 이해되기 시작하면 시스템에 숨겨진 신호를 발견할 수 있고 뜻밖에 간단한 작업들로 이루어져 있음을 알 수 있다. 복잡함을 정복하는 첫 번째 단계는 받아들이는 것이다.

② 분할해서 배워라

제품을 사용할 때 정복해야 할 과제를 작고 이해 가능한 모듈로 나눠라. 한 번에 하나의 모듈을 배우는 것이 좋다. 모듈 하나를 익히고 나면 성취감을 느낄 수 있고, 그럼 다음 것도 배우고 싶다는 의욕이 생긴다.

③ 필요한 그 순간에 배워라

한 번에 모든 것을 다 배우려고 하지 마라. 지금 당장 끌리는 과제만 배워라. 그리고 천천히 다른 과제를 추가하라. 고급 기능은 천천히 익히자. 필요하다고 느끼는 그 순간에 배워라.

④ 외우지 말고 이해하라

기술의 개념적 모델을 전개시켜 보라. 어떤 일을 하는 것인가? 어떻게 작동되는가? 이것만 배우고 나면 운용 방식이 이해되기 시작하면서 쉽게 배울 수 있다. 불행히도 많은 기술이 이런 이해가 쉽지 않은 것처럼 보인다. 하지만 차분히 조금씩이라도 이해하는 과정을 거치면 문제 될 것이 없다.

⑤ 다른 사용자를 관찰하라

다른 사용자가 그 기술을 이용하는 모습을 관찰하라. 그들이 무엇을 하는지, 어떻게 하는지 살펴보라. 더불어 그들이 방금 왜 그런 방식으로 제품을 사용했는지 묻기를 주저하지 말고 도움을 청하라. 대부분은 기쁘게 대답해줄 것이다. 전문가들조차 미처 알지 못했던 비밀을 이런 식으로 캐낼 수 있다. 이는 아이들이 인생의 기본 원리를 배우는 방식이기도 하다. 아이들은 부모를 보면서 그들의 행동을 흉내 낸다. 이것은 자연스럽고 효과적인 배움의 방식이다.

⑥ 기표, 어포던스, 그리고 한계점을 파악하라

나무가 울창한 숲이나 눈으로 뒤덮인 도시에서 다른 사람들이 남긴 발자취를 따라가는 것처럼 기술을 사용하면서 다른 사람이 남긴 흔적을 검색하라. 다음에는 그들이 한 대로 따라 해보자. 이것은 훌륭한 출발점이다. 현명한 사용자는 기표를 찾는다. 사람이 행동하다가 남긴 자취와 같은 자연의 실제 기표나, 사람들의 활동이나 존재와 같은 사회적 기표, 디자이너가 당신을 돕기 위해 고의적으로 배치한 디자인 기표(단, 당신이 직접 참여할 때만) 등 어떤 것이든 상관없다. 기표를 찾았다면, 이제는 어포던스를 발견할 차례다. 창의력을 발휘하기 위해서는 평범하지 않은 새로운 방법을 찾아야 한다. 그리고 당신이 할 수 있는 것과 없는 것, 해야 할 것과 하지 말아야 할 것을 파악하기 위해 한계점을 파악하자.

⑦ 신호, 문구, 표시를 만들라

당신은 이 책 앞에서 필요한 곳 어디든 붙일 수 있는 외부 표시, 기호, 페인트로 그린 선, 원형 스티커, 문구 등을 보았다. 마찬가지로 어떤 단계가 가장 혼란스러웠는지를 떠올리고 그 부분으로 돌아가 주석을 달아라. 포스트잇이나 펜을 사용할 수도 있다. 당신에게 필요한 것은 얼마든지 덧붙여도 좋다. 그것은 멋지고 매력적일 수도, 볼품없을 수도 있다. 당신의 활동을 완료하는 데 도움을 주기만 하면 된다. 당신이 무엇을 하는지는 중요하지 않다. 무언가를 하고 있다는 사실이 중요하다.

⑧ 목록을 작성하라

목록은 기술을 길들이는 가장 강력한 도구 중 하나다. 동시에 오해도 많고 불평도 많이 듣는 도구이기도 하다. 우리는 대부분 해야 할 일을 목록으로 만든다. 목록은 해야 할 일이나 단계를 상기시켜 줌으로써 우리의 기억력을 보완해준다.

특화된 목록 중에 체크리스트가 있다. 체크리스트는 의약, 산업, 항공계처럼 안전이 최우선인 분야에서 자주 활용된다. 이런 곳에서는 반드시 실행해야 하거나, 다음 항목으로 넘어가기 전에 반드시 확인해야 할 항목을 순서대로 작성한다. 특히 체크리스트는 동시에 다중 활동을 하거나, 잦은 간섭이 있는 상황에서 복잡한 절차를 수행하는 사람에게 중요하다.

목록은 중요성과 입증된 가치에 비해 그다지 많이 활용되지 않는다. 왜 그럴까? 많은 사람들이 체크리스트를 작성한다는 것은 곧 자신의 능력을 의심하는 것이라고 생각하기 때문이다. 특히 안전과 관련된 일을 하는 전문가들이 그러하다. 그들은 자신이 전문가이기 때문에 이런 도구를 이용하면서까지 굳이 기억을 상기시킬 필요가 없다고 여긴다.

하지만 인간의 기억력은 부정확하다. 아무리 자신 있는 일이라도 간섭이나 예기치 않은 어려움이 생기면 계획한 대로 일을 끝내지 못할 수 있다. 사람들은 간섭이나 어려움을 겪으면 자신이 하던 일을 다시 시작해야 하는 정확한 지점을 기억하지 못한다. 목록은 지금까지 무엇을 했고, 무엇이 남아 있는지를 분명하게 알려주기 때문에 훌륭한 해결책이 될 수 있다.

안전한 비행을 위해 많은 것을 확인해야 하는 항공 업계에서조차 조종사와 기술자들은 오랫동안 체크리스트 도입에 반발했다. 자신은 업무에 대해 잘 알고 있는데 체크리스트를 사용한다는 것은 품위를 떨어뜨리고, 그들의 능력을 신뢰하지 않는 것이라고 생각했기 때문이다. 그러는 동안 우연히 어떤 단계가 생략되거나 설정이 잘못되면서 사고가 발생했다. 이후 수십 년에 걸쳐 비행기를 운항하는 조종사와 지상근무자 모두가 체크리스트를 사용하는 방식이 도입됐다. 그리고 그것의 역할과 효과가 막대하다는 것이 증명되었다.

오늘날 비행기에서 체크리스트 사용은 당연한 일이다. 조종사들은 함께 체크리스트를 검토한다. 한 사람은 큰 소리로 읽고, 다른 사람은 상태를 확인하거나 필요한 작동을 한다. 그 결과 사고율이 감소했다.

물론 여전히 체크리스트에 반발하는 분야도 있다. 의약계가 대표적이다. 의사들은 그들의 능력과 전문지식에 자부심을 가지고 있다. 따라서 체크리스트를 통해 그들의 업무를 표준화하려는 시도를 기피한다. 수많은 연구에서 의료용 체크리스트가 사고, 상해, 사망을 줄인다는 것을 밝혀왔음에도 의약계는 여전히 체크리스트에 반발한다. 나는 한 의사가 "물론 다른 의사들은 체크리스트가 필요하지요. 하지만 저는 아닙니다. 저는 제가 하는 일을 잘 알고 있으니까요."라고 말하는 것을 들었다. 이들은 개별 환자의 특징이 모두 다르기 때문에 표준화된 목록을 적용하는 것이 불가능하다며 반대한다. 그러는 사이 환자들만 고통에 신음한다.

물론 체크리스트에도 한계는 있다. 종이로 된 체크리스트는 항목의 순서를 바로 바꿀 수 없다. 때로는 체크리스트에 나온 순서대로 단계를 수행하는 것이 불가능할 때도 있다. 만일 어떤 항목을 빠뜨렸을 때 어떻게 잊지 않고 나중에 그것을 기억할 수 있을까? 디지털로 만들어진 체크리스트는 빠진 항목이나 하지 않은 항목을 기록했다가 목록을 끝까지 완수하고 난 뒤에 다시 돌아가게 함으로써 이 문제를 해결한다.

또 체크리스트에 적힌 항목이나 절차가 모든 경우에 적용되지 않는다는 비판도 있다. 하지만 그 비판의 대상은 체크리스트 자체가 아닌 내용이 어떻게 결정되었는지의 과정으로 향해야 한다. 우리는 체크리스트의 적합성과 정확성을 정밀 진단해야 한다. 동시에 체크리스트는 항상 개선될 수 있어야 한다. 체크리스트는 제품과 같다. 신중하게 디자인되어야 하고, 표준화된 인간 중심 디자인 기법을 이용해야 한다. 관찰 연구, 프로토 타입, 지속적인 개선, 테스트를 통한 피드백 등 그 어떤 것보다 체크리스트가 더 중요하다.

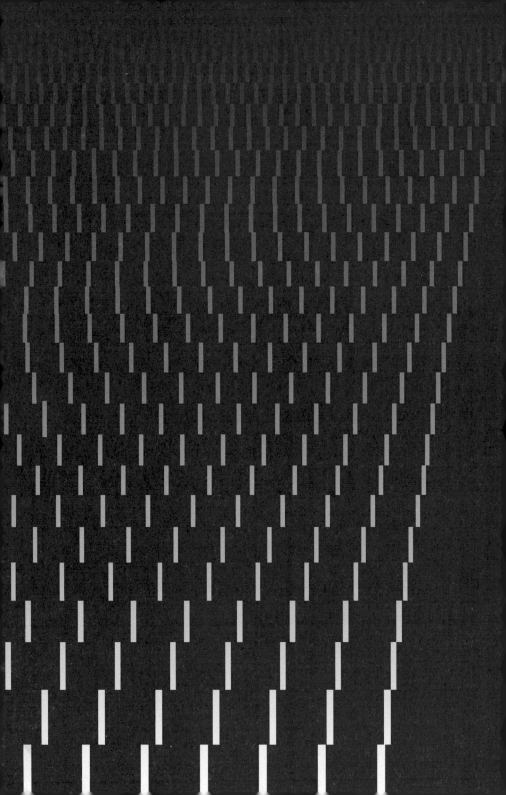

9장

즐거움을 디자인하라

복잡함을 관리하는 것은 보상이 따르는 일일 수 있지만 분명 힘든 도전이다. 복잡함은 우리에게 다양한 경험과 몰입의 기회를 제공한다. 복잡한 활동, 사건, 제품들에는 깊이가 있다. 이는 사용자와 디자이너 모두가 충분히 즐기고 추구할 만한 것이다. 하지만 복잡함 그 자체는 미덕이 아니다. 불편한 구조와 잘못된 설명으로 인한 복잡함은 우리를 혼란스럽고 짜증나게 한다.

디자이너는 복잡함이 바람직한 모습을 드러내도록 사용자에게 좋은 구조와 일관된 경험을 제공해야 한다. 사용자는 시간과 노력을 들여 그 디자인의 구조와 힘을 배워야 한다. 이것이 디자이너와 사용자가 풀어야할 숙제다. 아무리 복잡한 것도 구조를 터득하고, 운용 방식을 이해하고, 내부에 대한 일관된 이해(좋은 개념적 모델)가 있으면 단순해진다. 단순함은 마음속에 있다. 이를 인지하기 위해서는 디자인하는 사람과 이용하는 사람의 공동 노력이 필요하다.

많은 복잡함이 필요에 의해 만들어졌지만 그렇다고 모든 것에 복잡함이 필요하지는 않다. 간단해도 제 역할을 충분히 할 수 있는데 과하게 디자인되거나 혼란스러운 경우가 많다. 왜 이렇게 수많은 것들이 복잡하고 혼란스러운 기능을 거추장스럽게 달게 된 것일까?

단순하고 사용이 쉬운 도구를 원하는 시장은 분명히 존재한다. 휴대폰을 보자. 휴대폰이 휴대폰으로의 기능에 충실하길 원하는 사람도 많다. 물론 이전 통화 기록, 전화번호 저장 기능 정도는 필요하다. 하지만 휴대폰이 MP3, 카메라, 내비게이션 시스템일 필요는 없다. 그저 전화기면 충분하다. 이들을 상대로 단순한 제품을 제공하려고 하는 제조업자도 있다. 그러나 유통과 판매의 복잡한 사슬에서

영업 사원과 고객 평가단이라는 강력한 영향력을 행사하는 두 그룹
에 의해 이런 시도는 좌절되곤 한다.

영업부의 편견

나는 학생들에게 이런 사례를 조사해보라는 과제를 냈다. 어느 날 한
학생이 미국에서 가장 큰 휴대폰 제조사에서 출시할 휴대폰을 디자
인한 회사의 디자이너를 인터뷰했다며 그 내용을 이메일로 보내주었
다. 회사와 디자이너의 이름은 지웠다.

> 저는 X사의 디자이너 Y와 이야기했습니다. 그리고 Y가 디자인
> 했던 어떤 휴대폰에 관한 이야기를 듣게 됐습니다. 이 제품은 50
> 세 이상을 타깃으로 한 제품으로, 디자인하는 과정에서 교수님
> 의 수업에서 배운 모든 것이 활용되었습니다.
>   디자이너는 밖으로 나가서 사람들이 휴대폰을 이용하는 모
> 습을 관찰했고, 문제를 발견했으며, 시제품을 만들고, 타깃을 불
> 러 제품을 테스트했습니다. 결과적으로 소비자들은 일반 휴대폰
> 보다 약간 크고, 통화, 연락처, 알람, 이렇게 단 세 개의 기능만을
> 가진 커다란 버튼의 전화기를 좋아했습니다.
>   하지만 그 휴대폰을 판매해 줄 영업 조직을 찾지 못해 결국
> 빛을 보지 못했다고 했습니다. 그들은 제품이 그다지 멋지지 않

은데다 너무 단순하다며 난색을 표했습니다. 심지어 제품에 카메라도 없다는 이유를 들어 판매할 수 없다는 의견을 보였습니다. 결국 그 휴대폰을 원했던 대부분의 타깃 고객은 제품조차 보지 못했습니다.

디자이너와 고객 사이의 거리

디자이너와 사용자 사이에는 몇 개의 단계가 있다. 디자이너는 디자인 회사에서 일하고, 그들의 의뢰인은 제조업자다. 제조업자는 휴대폰을 직접 판매하지 않는다. 보통 서비스 제공자인 통신사에 판다. 통신사는 자신의 점포에서 휴대폰과 통신 서비스를 함께 판매한다. 따라서 디자이너의 의뢰인은 제조업자고, 제조업자의 의뢰인은 서비스 제공자다. 서비스 제공자의 의뢰인은 점포 매니저다. 그리고 점포의 의뢰인은 휴대폰을 직접 이용하는 사람이다. 앞에서 언급했다시피 제품을 파는 판매 사원은 사용자가 원하는 것에 그다지 관심이 없다.

이는 다른 산업에서도 비슷하다. 오븐, 냉장고, 세탁기와 같은 가정용 전자제품 제조업자들은 유통 업자에게 물건을 팔고, 이들은 다시 점포에 내다 판다. 많은 경우 집이나 아파트를 지어서 부엌용품을 설치한 채로 집을 판매하는 계약자나 건설사가 제품을 구매한다. 그 집에서 거주할 사람은 전자제품의 선택에 별다른 의견을 보이지 않는다.

제품을 이용할 사람이 점포에서 직접 구매할 때는 보통 판매 사원의 안내에 따라 구매 결정을 내린다. 이들은 판매 실적에 따른 수수료를 대가로 받기 때문에 수익성을 고려해 제품을 추천한다. 그러다 보니 비싼 제품이나 특별 수수료율이 부가된 제품을 주로 추천한다. 이런 방식은 사용자가 구매를 결정하는 데 영향을 주는 중요 기준을 고의적으로 누락시킨다. '제품이 구매자의 진정한 니즈를 얼마나 반영하는가.'에 대해 고민하지 않는 것이다.

최신 기술이 집약된 제품을 판매하는 직원들은 많은 기능을 설명할 수 있는 자신의 능력에 대단한 자부심이 있다. 이들은 경쟁 제품과의 장단점을 비교하며 우월한 지식을 뽐낸다. 아무리 좋은 의도로 설명한다고 해도 결국엔 그들 앞에 서 있는 고객의 바람에 초점을 맞추기보다, 제품의 우수한 기능과 역량에 집착하는 함정에 빠지고 만다.

디자인 단계에서 테스트했을 때 많은 사람들이 좋아하던 휴대폰이 결국 출시를 앞두고 실패한 앞의 사례로 돌아가 보자. 나는 판매 사원의 당황하는 얼굴이 떠올랐다. 그들은 이렇게 자문할 것이다. "이렇게 기능이 없는데 누가 이 휴대폰을 사겠어?" 솔직하고 걱정 많은 그들이 고민 끝에 내린 결론이지만, 그렇게 너무 많은 기능을 원하지 않는다는 사람도 많다는 사실을 깨닫지 못한 결과이기도 하다. 수많은 기능을 사랑해 마지않는 그들에게 최소한의 기능만 가진 휴대폰은 자신이 원하는 제품 모델과는 거리가 멀다.

리뷰어의 편견

단순한 제품에 또 다른 걸림돌은 신문, 잡지, 웹사이트 등에서 제품을 평가하는 사람들이다. 리뷰어reviewer 라 불리는 이들은 기술을 사랑한다. 카메라 리뷰어는 사진을 찍을 때 카메라에서 수동과 자동 모드, 필름 스피드 조절, 화이트밸런스 조절 등을 선택할 수 없다고 불평한다. 이런 옵션은 전문가를 위한 것이다. 심지어는 전문가도 어려워하는 기능도 있다. 평범한 사용자들은 이런 것을 알지도 못하고 원하지도 않는다.

자동차 리뷰어는 여전히 가속시간으로 자동차를 평가한다. 이들은 오버스티어Over Steer(운전자의 의도 이상으로 많이 꺾이는 것), 언더스티어Under Steer(핸들을 꺾은 각도에 비해서 자체가 덜 도는 특성)에 대해 이야기한다. 여기에 엄청난 가속 중의 핸들링이나 어려운 코스에서의 브레이크 작동에 대해 평가한다. 대부분의 운전자가 경험하기 어려운 기술이다.

리뷰어는 너무 많이 알고 있다는 것이 문제다. 몇몇 소수는 평균적인 사용자가 필요로 하는 것을 심각하게 고민하기도 하지만 이들은 각 분야의 전문가이기 때문에 평범한 고객들의 고민이 무엇인지 알지 못한다. 소비자 사용성을 테스트하는 매체들은 평균적인 자동차 구매자의 니즈를 언급하려고 노력하지만 여전히 기능 목록을 만들고 특수한 기능에 더 후한 점수를 준다.

대규모 점포는 수만 가지의 제품을 전시한다. 많은 재고를 관리하거나 새로 바꾸려면 엄청난 비용이 든다. 너무 많은 선택권에 고객은 오히려 혼란스럽다. 점포가 제품을 줄이려고 하면 비평가들은 불만을 표한다. 어느 대형 상점에서 '단순함을 원하는 사람'들을 위해 브랜드의 수를 줄이겠다고 발표하자, 뉴스를 취재하던 기자는 "그 전략에 미니멀리스트는 기뻐하겠지만, 선택권을 제한하는 것 같다."고 말했다. 선택권 제한, 그렇다. 그게 핵심이다.

스워스모어대학교에서 의사결정에 대해 연구하고 있는 심리학자 배리 슈워츠Barry Schwartz는 『선택의 심리학』에서 이렇게 말했다. "오늘날의 세상에는 더 많은 선택권이 주어졌지만, 아이러니하게도 만족도는 줄어들었다."

사회적 상호작용

21세기에는 IT기술의 발달로 많은 그룹들이 동시다발적으로 커뮤니케이션을 할 수 있게 되었다. 거리나 시간의 제약 없이 협업하는 사람들끼리, 때로는 잘 모르는 사람들끼리도 함께 소셜 네트워크를 이용한다. 상호연결 범위가 방대해지면서 다양한 혜택이 생기기도 했지만 동시에 혼란함도 가중됐다.

이사를 가서도 예전 사람들과 연락을 취하거나, 친구의 소식을 알 수 있다는 것은 즐거운 일이다. 업무나 학교 과제를 해결하기 위해 손쉽게 프로젝트 모임을 만들 수도 있다. 하지만 이 모든 다른 그룹들은 곧 복잡한 네트워크 구조를 양산하게 됐다. 소셜 그룹은 겹치거나 때로는 충돌하기도 한다. 진지해야 할 비즈니스가 놀이나 휴식과 같은 사회적인 상호작용과 얽힌다. 그러다 보니 모든 관계를 유지하기가 버겁다. 지속적인 간섭의 가능성도 크다. 게다가 우리의 사생활뿐 아니라 거래나 비즈니스의 세계에서 고의적으로 스토킹하거나, 훔치거나, 반대하거나, 우리의 일을 망치려는 사람을 경계하기까지 해야 한다.

그룹을 위한 디자인은 개인을 위한 디자인과 다르다. 그룹에 속한 사람도 혼자 일하는 사람과 동일한 것을 요구하기도 한다. 하지만 이제는 종종 동시에 진행해야 한다. 몇 사람이 하나의 프로젝트를 협업하여 같은 부분을 동시에 작업하다 보면 자극도 되지만 문제도 함께 생긴다. 여럿이 모여 개인의 역량을 합한 것보다 더 뛰어난 결과물을 내면 자극이 된다. 하지만 정확한 양식과 내용, 생각에 대해 서로 갈등이 시작되면 문제가 발생한다. 그룹 내부에는 부분을 합한 것보다 더 다양한 지식이 있다. 이런 지식 중의 일부는 구성원들이 문제를 풀기 위해 협업함에 따라, 또는 다른 사람을 위해 꼬리표나 태그를 만들면서 명확해지는 것도 있다. 또 행동의 상호작용 결과로 새로운 지식이 만들어지기도 한다. 예를 들면 일부 사람들의 행동이 다른 사람들이 따라올 수 있도록 흔적을 만든다.

그룹이 개인과 또 다른 점은 큰 그룹 안에 작은 소그룹을 만들 수 있다는 것이다. 때로는 소그룹 하나가 다른 소그룹에 반대하는 계획을 세우기도 한다. 반대로 하나의 그룹 안에 강력하고 일관된 지지 연대가 형성되기도 한다. 다른 그룹 간의 거리로 인해 경쟁적인 행동을 보일 때도 있다. 사회적 상호작용과 그룹을 위한 디자인은 21세기 핵심 주제가 될 것이다.

왜 단순한 것들이 복잡해지는가

복잡함은 다음과 같은 상황처럼 자연스럽게 증가하기도 한다. 어느 날 회사에서 음악 플레이어를 만들겠다고 발표했다. 회사는 여기에 뮤직비디오도 감상할 수 있는 기능을 추가했다. 이제 이 기계는 두 가지 기능이 있다. 음악 재생과 뮤직비디오 재생. 곧 고객들은 다른 비디오, 예를 들어 자신들이 직접 찍은 비디오나 친구들이 보낸 비디오, 네트워크에서 검색한 비디오, 그리고 TV 프로그램이나 영화도 재생할 수 있는지 묻는다. 그래서 이 기능도 추가했다. 얼마 뒤에는 왜 음악과 비디오로만 한정하는지 궁금해 하기 시작했다. 사진은 볼 수 없는 걸까? 이로써 사진과 비디오 클립을 촬영할 수 있는 카메라 기능을 요구하게 됐다. 현대 사회에서는 다른 사람과 공유해야 할 정보가 많으므로 이런 제품은 반드시 무선으로 연결되어야 한다. 그럼 소셜 네트워크와 연결되어 있다면 메시지, 생각, 위치도 공유할 수 있으니 더 좋지 않을까? 책 읽기는 어떠한가? 안 될 이유가 없지 않은가? 물론 이 이야기는 허구다. 하지만 시장에서 큰 성공을 거둔 몇몇 제품은 여기 언급된 기능을 모두 가지고 있다.

새로운 기술이 나오면 사람들은 곧 그 기능을 터득해버리고 더 높은 사양을 요구한다. 서비스, 기능, 특징에 대한 요구가 늘어날수록 필연적으로 기술의 복잡함도 늘어난다. 복잡함을 줄여야 한다는 명제는 누구나 이해하지만 실행은 어렵다. 자동차는 모두가 매일 이용하는 정교하고 복잡한 기술 중에 가장 진화한 것이다. 자동차의 복잡함은 위험 수위에 다다랐다. 왜냐하면 이런 시스템을 조작하는 데 요구되는 행동이 운전자의 집중을 방해하기 때문이다. 도대체 안전한 사용을 방해할 정도로 언제 이렇게 시스템이 복잡해진 건지 모르겠다.

자동차 운전석은 특히 세심하게 디자인되어야 한다. 생명과 직결되는 것이기 때문이다. 아직 운전이 서툰 사람이라도, 또 어떠한 상황에서라도, 또 아무리 짧은 시간 내에서라도 손쉽게 조작할 수 있어야 한다. 운전자가 내부 온도를 바꾸거나, 라디오 채널이나 음악을 바꾸고 싶다고 해도 이것 때문에 운전에 방해가 되면 안 된다. 즉 여러 가지 디스플레이와 내비게이션 장치, 그리고 비디오, TV 채널 등 다양한 오락거리를 조정할 수 있는 버튼으로 가득 차 있는 패널을 빠르게 조작할 수 있어야 한다는 뜻이다. 이미 여러 조사결과 밝혀진 것처럼 운전 중에 잠시라도 한눈을 팔면 치명적인 결과가 생길 수 있기 때문이다

가전기기도 마찬가지로 복잡해지고 있다. 세탁기, 드라이어, 식기세척기, 오븐, 커피메이커, 냉장고 모두 복잡한 메뉴와 다양한 선택사항이 나타나는 LCD창이 있다.

더 심각한 것은 누군가가 우리의 기록과 삶에 접근하고 싶어 한다는 것이다. 우리에 대한 기록은 안전하지 않다. 우리를 식별하는 수단은 우스울 정도로 수준 낮은 데다 보안, 식별, 인증의 차이도 제대

로 구분되지 않는다. 우리 삶을 제어하는 시스템을 만드는 사람조차 그러하다. 우리의 삶을 더욱 안전하게 만들자는 모든 노력이 오히려 더 삶을 혼란스럽게 만든다. 사용의 편리함과 보안이 트레이드오프 되기도 한다. 완벽한 보안(불가능하다)을 추구하다가 우리가 처리해야 할 다양한 의무사항이 생겨났다. 여기에서 역설이 생겼다. 보안에 대한 요구가 철저할수록 보안이 취약해진다는 것이다.

앞에서 확인했듯이 무언가가 너무 혼란스러워지면 사람들은 어떻게든 단순화할 방법을 찾는다. 보안과 관련된 요구사항이 너무 많아 우리의 일을 가로막는다면 우리는 다른 방법을 찾는다. 3장에서 보안의 장벽을 어떻게 넘는지에 대해 이야기한 적이 있다. 종이에 비밀번호를 적어서 전혀 안전하지 않은 장소에 숨기기, 문을 받쳐서 열어 놓기, 민감한 문서를 복사하기 등이다. 모든 것이 일을 제대로 하고 싶어 한 결과다. 이렇게 하여 정직하고 순수한 직원들도 전체 보안장치를 약화시킬 수 있다. 때문에 기술적인 배려뿐만이 아니라, 심리적이며 사회적인 배려에 기초한 분별력이 꼭 필요하게 되었다.

그렇다. 우리는 기술의 혜택을 원한다. 보안과 안전을 원한다. 논리적이고 필요하다면 복잡함을 받아들일 수 있다. 단지 불필요한 혼란스러움을 피하고 싶은 것이다.

복잡함에 대한 디자인의 도전

지금까지 이 책에서 복잡함과 관련된 이슈를 살펴보고, 그 영향력을 길들이는 방법을 몇 가지 제안했다. 복잡함과 보안 문제를 해결하는 한 가지 방법은 기술을 추가하는 것이다. 예를 들어 8장에서 말한 기기의 자동화로 많은 복잡한 동작을 없애고 사람들의 요구를 단순화시키는 것이다. 하지만 안타깝게도 이 방법은 하나의 문제를 해결하는 대신 새로운 문제를 발생시킨다. 2장에서 논의한 테슬러의 복잡함 보존의 법칙을 떠올려 보자. 사람들의 요구를 단순화하기 위해 자동화를 활용하면 그 안의 기술이 복잡해진다. 기반 기술이 복잡해지면 제품이나 기능의 실패 가능성도 높아진다. 자동화와 관련된 어려움은 자동화가 도입된 모든 분야에서 보고되고 있다. 그럼에도 새로운 분야는 다른 분야에서 겪은 실패에서 배우지 못하고 그대로 답습한다.

제대로 실행되기만 하면 자동화는 스트레스와 업무 부담, 그리고 실수와 사고를 줄일 수 있다. 하지만 그러지 못할 경우가 문제다. 스트레스와 업무 부담이 커지고, 자동화되지 않은 상태보다 훨씬 심각한 실수나 사고가 발생한다. 이는 항공 업계나 대규모 제조 공장 등에서 이미 발견된 문제이며 현재는 제약이나 자동차 업계, 심지어 가정에서도 이런 일이 일어나기 시작했다.

디자이너와 엔지니어는 다른 분야에 도입되는 기술을 도입해 복잡함을 다스리는 방법을 배울 수 있다. 하지만 모든 분야가 조금씩 다른 분야와의 공통점을 가지고 있는 반면, 그곳만의 특징이 존재하기 때문에 이를 실행하기란 쉽지 않다. 이때 디자이너들은 어려운 도전에 직면하게 된다. 디자이너는 사용자의 필요를 충족시키는 동시에 보안의 복잡함을 줄이면서 개념의 단순함을 유지해야 한다. 에러, 작동오류, 그리고 도둑이나 테러리스트 등의 고의적인 공격으로부터도 안전하게 지켜줘야 한다. 자동화는 놀랄 만큼 사물을 단순화시켰지만 부적절한 자동화로 생기는 위험을 방지하기 위해 디자인에 적용할 때는 주의를 기울여야 한다.

디자이너의 역할은 어렵다. 도전할 것도 많다. 디자이너는 제품을 기획하거나 디자인할 때 기능적인 면과 미적인 면은 물론, 제조상의 문제가 없고 유지가 수월하도록 해야 한다. 더불어 경제적인 측면까지 고려해야 한다. 또 서비스를 기획하거나 디자인할 때도 마찬가지로 문화적, 교육적, 동기부여 측면도 고려해야 한다. 나아가 디자이너는 사용자에게 최종 결과가 정확하게 의도한 대로 전달될 수 있게 해야 한다. 이것이 개념적 모델의 역할이다. 이전에 따랐던 단계, 현재 상태, 앞으로 따라야 할 것을 보여주는 인지 가능한 기표도 제공해야 한다. 정확하게 필요한 시점에 중요한 지식을 제공할 수 있도록 사용자가 원하는 '바로 그 시간'에 가르쳐줘야 한다.

기술과 함께 살아가려면 디자이너와 사용자의 협력이 필요하다. 대부분의 사용자는 제품의 조작이 쉽게 끝나기를 바란다. 하지만 뭐든지 쉽게 얻는 것은 없는 법이다. 앞으로의 편의를 위해 복잡한 시스템을 터득할 필요가 있다. 이것이 세상이 돌아가는 이치다. 우리가 사용하는 기술은 이 세상의 복잡함과 조화를 이뤄야 한다. 기술적인 복잡함은 피할 수 없다.

제아무리 좋은 디자인도 사용하는 사람이 충분히 그 몫을 해주지 않으면 소용이 없다. 인간의 기억력은 변덕스럽고 한계가 있어서 필요한 정보를 세상에 공개하기도 한다. 우리 스스로 기표를 만들어냈고, 스티커를 붙이기도 하며 체크리스트를 사용하기도 한다. 또 휴대폰을 이용해 스케줄도 관리하고 메모도 한다. 사용을 하다가 막히면 고객센터에 전화를 하거나 매뉴얼을 읽기도 한다. 우리가 사용하는 기술의 구조와 개념적 모델을 배우려면 우리도 사용자로서의 제몫을 해내야 한다. 시간을 들여서라도 기술을 터득해야 한다. 기술을 이해함으로써 복잡한 시스템을 간단하고 의미 있는 것으로 만들 수 있다.

기술과의 동행은 끊임없는 도전이지만 꼭 필요한 과정이기도 하다. 기술을 다루려면 디자이너와 사용하는 사람 사이의 협력이 필요하다. 디자이너는 훌륭한 구조, 효과적인 커뮤니케이션, 그리고 배우기 쉽고 친화적인 상호작용을 제공해야 한다. 그 결과물을 이용하는 우리는 기꺼이 시간을 들여서 원칙과 기반 구조를 배우고 필요한 기술을 익혀야 한다. 우리는 디자이너와 함께 해야 한다.

감사의 말

복잡함은 여러 가지 방식으로 내 삶을 어둡게 만들어왔다. 그 중 한 가지가 이 책을 집필하는 것이었다. 복잡함에 대한 나의 생각은 아주 오래 전부터 시작되었다. 수십년 전 나는 복잡함을 거부하였다. 단순함을 강렬히 주장하였다. 하지만 시간이 흐르면서, 나의 적은 복잡함이 아니라, 혼란과 그로 인해 발생하는 모순이라는 것을 깨닫게 되었다.

더욱이, 그 해결책은 예상과 달리 몇몇 컨트롤장치, 디스플레이, 그리고 특정 기능에 의한 단순함이 아니라, 일관성과 이해를 통한 단순함이었다. 나는 그러한 생각을 HCI를 연구하는 전문가 집단의 잡지 「인터랙션」의 칼럼에 2007년부터 지금까지 기고해왔다. 내가 처음으로 감사의 인사를 전해야 할 사람들은 리차드 앤더슨Richard Anderson과 존 콜코Jon Koko다. 그 잡지사에 있던 이들은 2007년부터 강한 유대감을 가졌던 편집자들로, 내가 이단적 생각을 펼칠 기회를 주었다.

나는 내 자료들에 관한 강의를 할 기회를 여러 차례 얻었으며, 각각의 강의에서 나는 아주 소중한 피드백을 얻을 수 있었다. 많은 사람들이 상세한 대화를 나누었는데, 이는 내가 나의 메시지를 이해하도록 도와주었다. 그리고 많은 사람들이 사진과 그림을 사용하도록 허락해주는 등 내가 예시를 만드는 데 도움을 주었다. 나의 오랜 친구이자 토론 파트너 대니 바브로우Danny Bobrow(일전에 그는 많은 논문을 나와 공동집필하기도 했다)는 언제나 나의 생각을 꿰뚫어보고 부족함을 발견해주었다. 사업 파트너인 제이콥 닐슨Jakob Nielsen은 디자인의 약점에 대한 통찰력 있는 평가를 제공해주었다.

펠릭스 폴트노이Felix Portnoy와 헨리 에비셔Henri Aebischer를 비롯한 일부 사람들은 초고의 여러 부분을 읽고 귀중한 피드백을 주었다. 그들의 조언은 매우 유용했다. 또 많은 사람들이 수년간 사진과 이야기거리를 보내주었다. 그 중 몇 가지는 이 책에 사용되었다. 그들 모두에게 감사의 인사를 전한다. 크리스 스그루Chris Sugrue는 2장에 들어간 그림을 제공해주었다. 레인 테이트Lain Tate는 3장에 나오는 "출구가 아님Not an Exit"이라는 사진을 제공해주었다. 케빈 폭스Kevin Fox는 5장에 나온 UC 버클리 캠퍼스의 희망선 사진을, 수잔 스프라라겐Susan Spraragen은 6장과 7장에 나온 그림을 재작업하여 제공해주었다. 제프리 허먼Jeffrey Herman은 작업대와 도구들을 찍은 사진을 보내주며 내게 열정적으로 이야기해주었다. 2장에 나온 작업 도구와 은세공인의 작업대에 대한 나의 서술을 도와주었다. 그는 나와 전화를 하며 은세공인에 대해 말해주었다. 은세공이라! 아, 그것은 미국에서 쇠퇴하고 있는 예술이다.

노스웨스턴대학교 동료인 에드 콜게이트Ed Colgate와 리즈 게르버Liz Gerber는 내가 그들의 프로그램에서 강의를 하도록 허락해주었다. 그리고 디자인과 경영을 동시에 배우는 MBA, 엔지니어링 복수 학위 프로그램인 MMM의 수많은 학생들은 내가 디자인 프로세스의 미스터리에 대해 아등바등 설명하는 것을 들어주느라 고생했다. 이들이 바로 미래의 제품을 만들 사람들이고 이들 덕분에 내 결과가 도출될 수 있었다. 또한, 디자인 챔피언으로, 모든 엔지니어는 좌뇌와 우뇌를 모두 사용하고, 분석적이고 전체적으로 사고하는 능력이 필요하다고 주장하는 홀리오 오티노Julio Ottino는 가장 힘이 되는 학장이었다.

출판 에이전시의 센디 다이크스트라Sandy Dijkstra와 소속 직원 산드라 다이크스트라Sandra Dijkstra는 이 책이 수많은 수정을 거치는 동안 인내를 가지고 기다려 주었다. 처음엔 "사교적 디자인Sociable Design"이란 이름으로 시작된 것이 마침내 '복잡함'이라는 제대로 된 주제를 갖게 되었다. MIT 출판부 직원들은 혼란스럽고 복잡하며 장황한 내 첫 번째 시도를 거부하면서도 나의 최종 원고가 탄생하도록 도와주었다. 케이티 헬케Katie Helke는 필요한 그림의 사용 허가를 받는 것을 도와주었고 주디 펠드만Judy Feldmann은 원고의 교정교열을 맡아주었다. 그리고 더그 세리Doug Sery는 누구보다도 인내심 있게 나를 지지해준 편집자였다.

그리고 가장 혹독한 비평가로 나를 도와온 나의 아내 줄리Julie는 내가 항상 장황하게 말하고, 반복하고 관점을 바꾸며 혼란스럽게 하는 경향에 대하여 진실을 말해주었다. 그리고 내 글쓰기와 관점에서 잘못된 부분을 바로잡아 주었다. 모든 작가는 그녀와 같이 솔직하게 말해주는 사람을 곁에 두어야 한다.

도널드 노먼의 UX 디자인 특강

복잡한 세상의 디자인

초판 발행 | 2018년 4월 5일
개정 1판 발행 | 2022년 10월 31일
발행처 | 유엑스리뷰
발행인 | 현호영
지은이 | 도널드 노먼
옮긴이 | 범어디자인연구소
편집 | 유엑스리뷰 콘텐츠랩
디자인 | 임림
주소 | 서대문구 신촌역로 17, 207호 (콘텐츠랩)
전화 | 02.337.7932
이메일 | uxreviewkorea@gmail.com

ISBN 979-11-88314-02-7

본서의 무단전재 또는 복제행위는 저작권법 제136조에 의하여
5년 이하의 징역 또는 5천만 원 이하의 벌금에 처하게 됩니다.
낙장 및 파본은 구매처에서 교환해 드립니다.
구입 철회는 구매처 규정에 따라 교환 및 환불처리가 됩니다.

LIVING WITH COMPLEXITY

Copyright ⓒ 2010 Donald A. Norman
All rights reserved
Korean translation copyright ⓒ 2018 by UX Review
Korean translation rights arranged with Sandra Dijkstra Literary
Agency through EYA(Eric Yang Agency).

이 책의 한국어판 저작권은 EYA(Eric Yang Agnecy)를 통해 Sandra Dijkstra
Literary Agency와 독점 계약한 '유엑스리뷰'에 있습니다. 저작권법에 의하여
한국 내에서 보호를 받는 저작물이므로 무단전재와 복제를 금합니다.